INVENTAIRE
S 23317

AF494687

BIBLIOTHÈQUE
RURALE
INSTITUÉE PAR LE GOUVERNEMENT.

DE LA
CULTURE DU MURIER
ET DE
L'ÉDUCATION DES VERS A SOIE.

BRUXELLES
Rue de la Montagne, n° 51.

H. TARLIER
ÉDITEUR.

2e SÉRIE, Nº 7.

BIBLIOTHÈQUE RURALE

INSTITUÉE

PAR LE GOUVERNEMENT.

TRAITÉ

DE LA

CULTURE DU MURIER.

Imprimerie de G. Stapleaux.

TRAITÉ

DE LA

CULTURE DU MURIER

ET

DE L'ÉDUCATION DES VERS A SOIE

EN BELGIQUE,

RÉSUMÉ DES MEILLEURS AUTEURS FRANÇAIS ET ITALIENS,

PAR A. RONNBERG,

PRÉSIDENT DU COMICE DU PREMIER DISTRICT AGRICOLE DU BRABANT.

5406.

BIBLIOTHÈQUE IMPÉRIALE

BRUXELLES.

AU BUREAU DE LA BIBLIOTHÈQUE RURALE

RUE DE LA MONTAGNE, N° 51.

1853

CULTURE DU MURIER.

ERRATA.

Page 9, 4e ligne, titre du § 3, lisez Introduction de la culture du mûrier *en Belgique*.
» 27, 29e » au lieu de *Vilormain-Andrieux*, lisez *Vilmorain-Andrieux*.
» 35, 9e » au lieu de *de large*, lisez *de largeur*.
» 35, 26^e » au lieu de mais on les *oumet*, lisez mais on les *soumet*.
» 40, 5e » au lieu de *ces* mûriers, lisez de *ses* mûriers.
» 54 et 55, figure 10, lisez 9 et vice-versa.
» 55, 2e » les *six*, lisez les *dix*.
» 75, 21e » au lieu de en*cocanage*, lisez en*coconage*.
» 90, 34e » supprimez les mots, *à peu près comme du persil*.
» 93, 1re » au lieu de *pendent*, lisez *pendant*.
» 93, 11e » au lieu de vers *cinq* heures du matin, lisez vers *quatre* heures du matin.
» 96, 3e » au lieu de dix à quinze *centimètres* carrés, lisez dix à quinze *millimètres* carrés.
» 129, 24e » au lieu de *ou après* le désaccouplement, lisez *on opère* le désaccouplement.
» 141, 13e » au lieu de 7 fr. les 1000 kil., lisez 70 fr.

PRÉFACE.

En publiant un traité sur la culture du mûrier et l'éducation des vers à soie, nous n'avons pas la prétention d'avoir créé une œuvre complétement originale.

Nous avons voulu répondre à un besoin qui se faisait sentir depuis longtemps, en réunissant en un volume tous les enseignements propres à guider les personnes qui se livrent à cette intéressante industrie. A cet effet, nous avons consulté les ouvrages des meilleurs maîtres, nous y avons recueilli les méthodes les plus usitées dans les magnaneries où les travaux sont dirigés d'après les règles de l'art, et nous y avons, lorsque cela a été nécessaire, fait les modifications que l'expérience a démontré indispensables pour les approprier à notre pays.

Les ouvrages où nous avons principalement puisé pour la rédaction de notre traité sont ceux de MM. de Bonafous de Turin, Pittaro, Dandolo, de Gasparin, de Boullenois, Louis Leclerc, Robinet, Charrel, etc., etc.

Ce travail nous a été beaucoup facilité par les notes que nous a laissées feu M. Ch. de Mevius, fondateur de l'établissement séricicole de Forest, où il a exécuté des travaux que tous les connaisseurs ont pu admirer.

Notre traité est exclusivement pratique : nous n'y avons indiqué aucune méthode qui n'ait été sanctionnée par l'expérience.

Nous serons heureux si le résultat de nos recherches peut contribuer à éloigner les préjugés qui entourent encore aujourd'hui la culture de la soie en Belgique, et aider à lui donner un développement qui soit en rapport avec les avantages considérables que notre pays peut trouver dans cette industrie.

PREMIÈRE PARTIE.

PRÉLIMINAIRES.

CHAPITRE PREMIER.

NOTIONS HISTORIQUES.

§ 1. — INTRODUCTION EN EUROPE DU MURIER ET DES VERS A SOIE.

La patrie originaire du ver à soie nous est aussi inconnue que celle de la plupart des plantes et des animaux qui font la base de notre industrie agricole (1).

Les Chinois racontent dans leur légende qu'une impératrice nommée Si-ling-chi découvrit les vers à soie et l'art de les élever d'une manière artificielle. L'époque de cette découverte est reportée à l'an 2637 avant Jésus-Christ (2).

L'éducation du ver à soie fut, dans le principe, en grand honneur chez les Chinois. Les impératrices trouvaient une agréable occupation à faire éclore les vers à soie, à les élever, à les nourrir, à en faire de la

(1) De Gasparin, *Mémoires*, t. III.
(2) *Mémoires des missionnaires sur la Chine*, t. II, p. 9.

soie et à la mettre en œuvre. Convaincus des ressources immenses que cette industrie devait leur procurer, les gouvernements chinois firent de grands efforts pour propager la culture du mûrier. Ils ordonnèrent même à chaque habitant des campagnes de planter un certain nombre de plants de mûriers (1).

De ce pays la sériciculture se répandit dans l'Indo-Chine et l'Inde : c'est là que les Phéniciens allaient acheter les riches étoffes qu'ils vendaient aux Européens à des prix fabuleux. Il n'entre pas dans le cadre de cet ouvrage de rapporter tous les détails sur la manière dont l'industrie de la soie se répandit successivement dans les différentes contrées de la terre. Ceux qui désireront lire des recherches fort curieuses sur ce sujet les trouveront dans le 3e vol. des *Mémoires du comte de Gasparin.*

Les Romains, qui payaient les tissus de soie au prix de l'or, ne paraissent pas en avoir connu exactement l'origine. On ne sut bien la vérité sur ce point en Europe que vers le milieu du VIe siècle.

En 555 de l'ère chrétienne, deux moines apportèrent de l'Inde à Constantinople, dans un bâton creux, de la graine de vers à soie et la présentèrent à l'Empereur Justinien.

Le ver à soie s'étendit dans la Grèce et dans l'Asie mineur, où les musulmans et les croisés le trouvèrent plus tard; mais, quoique la fabrication des soieries s'introduisît en Sicile et en Italie, l'éducation du précieux insecte pénétrait avec lenteur vers l'Occident.

Elle fut introduite en Espagne vers le VIIIe siècle par les Arabes : au XIIe siècle, la culture du mûrier commençait à être populaire dans ce pays ; de là elle s'étendit dans le Portugal.

(1) Julien, *Traité chinois*, p. 2.

L'époque de l'introduction de l'éducation des vers à soie en Italie n'est pas exactement connue; on en attribue l'importation au XIIe siècle à Roger II, premier roi de Sicile.

Ce n'est qu'en 1423, plus de deux cents ans après l'introduction du tissage de la soie, que l'on trouve la première mention de la culture du mûrier en Toscane et des mesures prises pour la répandre (1).

La fabrication des étoffes de soie commence dès lors à prendre un développement considérable en Italie, et fait l'objet de la sollicitude la plus vive de la part des gouvernements. L'on rapporte qu'en 1474 l'art de la soie était si prospère à Florence que le nombre des maisons qui s'en occupaient était de quatre-vingt-quatre.

De 1769 à 1770, la Toscane seule produisait annuellement 165,000 livres de soie; vingt ans plus tard la production indigène était portée à 300,000 liv.

M. de Gasparin donne, sous forme de tableau, les dates de l'introduction de la fabrication des soieries et de la culture du mûrier dans les différents pays de l'Europe. Il nous a paru intéressant de reproduire ce résumé.

	Époque de l'introduction de la fabrication.	Époque de l'introduction première de la culture du mûrier
Constantinople		552
Cordoue	Avant 910	Avant 910
Calabre		1060
Sicile	1146	1146
Gênes et Pise	1160	1200
Florence	1204	1423
Marseille	1290	1545
Venise	1248	1426
Milan	1442	
Avignon	1340	
Piémont		1299 1561

(1) De Gasparin, *Mémoires*, t. III, p. 53.

On voit par ce tableau que, sauf dans le Piémont, la fabrication des étoffes devance d'un assez long espace de temps la culture du mûrier.

Le même fait s'est reproduit pour tous les pays où l'industrie séricicole s'introduisit plus tard.

§ 2. — INTRODUCTION DES VERS A SOIE EN FRANCE, EN PRUSSE, EN SUÈDE, EN RUSSIE, ETC.

L'introduction du ver à soie n'eut lieu en France qu'au commencement du XIVe siècle, lorsque les comtes de Provence régnaient à Naples et les papes à Avignon.

Elle s'y installa lentement, d'abord en Provence, ensuite dans le Dauphiné.

Certains auteurs, Olivier de Serres entre autres, prétendent que le premier mûrier ne fut planté en France qu'en 1495, par Guypape de Saint-Auban, à Alan près de Montélimar.

Ce mûrier vivait encore en 1804.

La fabrication des étoffes de soie était antérieurement déjà bien connue en France: à Marseille, à Avignon, à Nîmes, il y avait des fabriques importantes de soieries; mais les matières premières y étaient importées de l'Espagne, des Etats italiens et du Levant.

Au commencement du XVe siècle, le roi Louis XI encouragea fort la culture du mûrier en Touraine; mais, par suite des guerres civiles qui déchirèrent la France, l'industrie séricicole n'y prit pas alors encore un grand développement.

Les détracteurs de la culture du mûrier et de l'éducation des vers à soie donnaient déjà à cette époque les mêmes motifs que l'on avançait il y a peu de temps encore en Belgique, pour s'opposer au développement de cette industrie : ils prétendaient que les vers à soie ne pouvaient se nourrir avec avantage en France, parce que le pays y était trop froid (1).

Henri IV s'occupa néanmoins avec zèle de la culture du mûrier et il prêcha d'exemple : il fit planter des muriers dans le jardin des Tuileries et fit élever des vers à soie dans son propre palais.

C'est lui qui engagea *Olivier de Serres* à écrire un ouvrage que ce célèbre agronome publia sous le titre *de la Cueillette de la soie pour la nourriture de ceux qui la font.*

Cet ouvrage, publié en 1599, est le premier travail qui ait été écrit en France sur cette matière.

La culture du mûrier prit, dès cette époque, un grand développement dans le centre et le midi de la France. Sous Louis XIV, le grand ministre Colbert s'occupa beaucoup de l'industrie séricicole. Il fit rétablir les pépinières royales qui avaient été négligées sous Louis XIII. Il fit venir de Bologne un des plus habiles mouliniers, qui perfectionna les méthodes vicieuses suivies jusqu'alors pour la préparation des soies grèges.

Un instant arrêtée dans son essor vers la fin du règne de Louis XIV, par suite de l'édit de Nantes, la culture de la soie reprit un extension progressive sous Louis XV, qui ne lui épargna pas les encouragements.

Depuis lors, l'industrie séricicole n'a pas discontinué de progresser en France, et d'y être l'objet d'importants encouragements de la part du gouvernement.

La fabrication des soieries y occupe aujourd'hui plus de 200,000 personnes dont la main-d'œuvre est évaluée à 70 millions de francs. En 1843 on comp-

(1) De Gasparin, *Mémoires*, t. III, p. 86.

tait dans la seule ville de Lyon 28,000 métiers, et il se consommait en fabrication dans le département du Rhône de 12 à 13 millions de kilogrammes de soie.

Les exportations de soieries se sont élevées en France, pendant l'année 1847, à 165,412,840 fr.

On estime de 100 à 120 millions de francs la production des soies gréges françaises.

En Prusse, la culture du mûrier fut aussi l'objet des soins du gouvernement. Frédéric II en fut le protecteur : son génie apprécia de prime abord les grands avantages que cette nouvelle industrie pouvait procurer. Des plantations furent faites le long des routes, des pépinières furent établies aux environs de Potsdam et de Brandebourg. Il fut enjoint aux clercs de village de faire planter de mûriers les cimetières et les lieux vagues dépendant des églises, de démontrer aux habitants l'utilité de la culture de la soie et de leur en enseigner les procédés. Des sommes importantes furent affectées à ces encouragements.

Aujourd'hui la culture du mûrier a pris racine dans toutes les provinces de Prusse et dans les Etats voisins, nommément dans le royaume de Saxe, le duché de Mecklembourg, etc. (1).

De fabriques importantes de soieries existent en Allemagne et font pour certains articles une rude concurrence aux soies françaises.

Des plantations de mûriers ont été effectuées en Russie et s'y maintiennent en bon état.

La Suède a également ses magnaneries et ses plantations de mûriers. Nous lisons dans un recueil scientifique qu'à une réunion d'une société fondée pour la propagation de la culture de la soie, laquelle eut lieu

(1) *Annales de la Société séricicole*, vol. IV, p. 387.

à Stockholm en 1851, il fut présenté cinq cents aunes d'étoffe fabriquée avec de la soie récoltée dans le pays.

§ 3. — INTRODUCTION DE LA CULTURE DU MURIER. — ÉTABLISSEMENTS DE MESLIN-L'ÉVÊQUE ET DE FOREST EN BELGIQUE.

Passons maintenant à la culture de la soie en Belgique, où elle semble, d'après les résultats obtenus depuis quelques années, devoir ouvrir à notre pays une nouvelle source de prospérité.

Les premiers essais de cette culture datent du milieu de XVIIIe siècle; ils n'eurent aucun résultat; renouvelés sous l'administration du prince Charles de Lorraine, ils ne furent pas plus satisfaisants (1).

Par suite de l'ignorance de ceux qui devaient diriger les expériences, l'on considéra comme impossible l'éducation des vers à soie en Belgique et l'on abandonna les plantations à la cognée des bucherons.

Le gouvernement du roi Guillaume Ier, engagé par des personnes instruites des procédés en usage pour la culture de la soie, établit en 1825 une magnanerie modèle en la commune de Meslin-l'Évêque. Cet établissement fut confié à la direction d'un Italien, M. le chevalier de Beramendi.

Il y fut planté bon nombre de mûriers que l'on fit acheter en France, et aussitôt que l'on put récolter de la soie, l'on fit revenir du même pays une fileuse expérimentée qui forma plusieurs élèves dans l'art de dévider des cocons.

Dès 1827, l'on obtint à Meslin-l'Évêque d'excellente soie pouvant concourir, pour la qualité, avec les meilleures soies françaises.

(1) Demoor, 1851, *l'Industrie sétifère dans les Flandres.*

Plusieurs particuliers s'adonnèrent aussi, dès cette époque, à la culture du mûrier et prouvèrent par des expériences concluantes que le climat de la Belgique n'était contraire ni à l'éducation du ver à soie ni à la culture de l'arbre précieux dont la feuille est employée à le nourrir.

Après la révolution de 1830, le nouveau gouvernement belge prit sérieusement à cœur de développer cette industrie par une série de mesures judicieuses.

L'établissement de Meslin-l'Evêque fut confié à la direction intelligente de M. Ch. de Mevius, qui avait fait une étude spéciale de cette industrie dans les pays où elle est pratiquée avec le plus de succès.

Des pépinières de mûriers furent établies : chaque année, de jeunes plants furent distribués gratuitement à ceux qui désiraient les cultiver; des primes furent instituées pour la plantation des mûriers et pour la production des cocons, et le gouvernement distribua annuellement de la graine de vers à soie venue d'Italie.

Ces mesures, dues au gouvernement éclairé de Léopold Ier, eurent un plein succès; un assez grand nombre de personnes s'adonnèrent à l'éducation des vers à soie.

Nous voyons s'établir en 1835 une exposition spéciale des produits de l'industrie séricicole.

Les commissaires royaux, chargés de rendre compte des objets qui y figurent, citent un grand nombre de personnes dont les soies grèges produites dans leur magnanerie ne laissent rien à désirer sous le rapport de la qualité. MM. de Mevius, directeur de l'établissement modèle, Mastraeten de Bruxelles, de Ficquelmont à Huy, de Coninck à Gand, Coulon à Liége, Lebrun à Lessines, Lecandèle à Humbeke, etc., etc., y figurent en première ligne.

Vient ensuite la nomenclature des tissus provenant des différentes fabriques de soieries dont quelques-unes existaient en Belgique depuis nombre d'années. Les plus beaux produits proviennent des fabriques de MM. Degandt aîné, à Gand; Casse Van Regelmortel à Anvers, Duysters à Lierre, Frost à Gand, Obert et Compagnie à Bruxelles, Van Noten fils à Anvers, etc., etc.

Avant cette exposition, l'on ne se doutait pas de l'importance que cette industrie avait déjà acquise dans notre pays.

La commission royale, après avoir étudié avec soin toutes les questions qui se rattachent à l'industrie de la soie, et convaincue de l'immense source de prospérité que l'on pouvait y trouver, conclut en insistant vivement pour que le gouvernement fît tous ses efforts dans le but de développer la culture du mûrier en Belgique.

Vers cette époque, le directeur de l'établissement de Meslin-l'Evêque, ayant reconnu que le sol de cette localité, bas et humide, ne convenait pas à la culture du mûrier, qui exige un terrain sec et élevé, proposa au gouvernement de créer une vaste pépinière dans un domaine de l'Etat, située à Forest, près de Bruxelles. Cette proposition fut acceptée : ce terrain, d'une superficie de 24 hectares environ, fut défriché et planté de mûriers à demeure, dont la végétation magnifique ne laissa bientôt aucun doute sur l'avenir qui était réservé à cette plantation.

En l'année 1841, le gouvernement, ne paraissant pas disposé à faire les frais assez élevés que nécessitait le complément des travaux à faire pour convertir l'établissement de Forest en une magnanerie modèle, M. Ch. de Mevius demanda et obtint la concession de cet établissement à titre de bail, à long terme, sous la condition d'y continuer la culture de la soie.

M. de Mevius avait voué toute son existence à la solution du problème qu'il regardait comme devant procurer un grand bien-être à certaines contrées de son pays; il ne recula pas devant les sacrifices nécessaires pour atteindre son but. Toute sa fortune fut consacrée à fonder définitivement l'établissement séricicole de Forest.

Une filature de douze moulins y fut établie, et tout le monde put admirer chez lui les magnifiques soieries que, chaque année, il vendait au prix des bonnes soies françaises.

Encouragées par son exemple, un grand nombre de personnes ne tardèrent pas à planter des mûriers sur une vaste échelle. Les demandes de jeunes plants se multiplièrent, et depuis quelques années un million de mûriers au moins ont été plantés en Belgique, et dans les Flandres principalement. Des magnaneries assez importantes existent à Wondelgem, à Evergem, à Flobecq, à Audenarde, etc.

Nous ne doutons pas que, convenablement dirigée, la culture de la soie n'ait un avenir brillant en Belgique; au chapitre suivant, nous nous occuperons surtout de ce point.

CHAPITRE II.

DE L'INDUSTRIE DE LA SOIE EN BELGIQUE ET DES AVANTAGES QU'ELLE PEUT PRODUIRE.

De tout temps, l'opinion publique voulut aveuglément prescrire des limites à la culture du mûrier et à l'éducation des vers à soie. En Grèce, en Italie, en France comme en Belgique, les mêmes préjugés acceuillirent les introducteurs de cette industrie si remarquable. Le pays était trop froid, disait-on, le mûrier ne pouvait y croître, le ver à soie ne pouvait y vivre.

Et cependant l'éducation du ver à soie et la culture du mûrier ont pris successivement des développements considérables dans toutes les contrées de l'Europe où l'on voulut s'en occuper avec persévérance.

En Belgique, il y a encore aujourd'hui une foule de gens imbus des mêmes préjugés; ils s'imaginent que le mûrier gèle chaque année, et que l'éducation du ver à soie ne peut y constituer qu'une industrie factice, parce que le ver ne peut y vivre et y produire des cocons que sous la condition d'être soumis à un certain degré de chaleur pendant toute la durée de son existence (1).

. Mais ces personnes ignorent que, dans tous les pays où l'on s'occupe de la production de la soie, en Chine

(1) Rapport de M. Zoude à la chambre des représentants. (Séance du 20 mars 1840.)

même, on élève le ver à soie dans des ateliers, et que l'on doit, pour en obtenir des produits réguliers, le soumettre à une température uniforme.

Il est reconnu (1) que la température qui convient le mieux au ver à soie est, en moyenne, de 22 à 25 degrés centigrades.

Dans une pareille atmosphère, les vers bien nourris sont plus robustes et donnent des produits plus riches que ceux qui vivent sous une température plus élevée.

M. Camille Beauvais s'est livré à ce sujet à des expériences et à des recherches qui ne laissent aucun doute sur l'exactitude ce principe.

Dans le Midi, les éducations des vers à soie sont fréquemment exposées à souffrir de touffe et de chaleur qui engendrent des maladies meurtrières et détruisent souvent en un jour l'avenir de toute la récolte.

Pour parer à cet inconvénient, l'on a imaginé différents appareils propres à renouveler l'air dans les ateliers, purifier l'atmosphère que les nombreuses déjections de la larve ou *bombyx mori* vicient facilement.

Dans les pays situés davantage vers le nord, l'on n'a pas à craindre aussi fréquemment ces accidents : Il suffit d'élever la température d'une magnanerie lorsque le temps n'est pas assez chaud (2). Pour cela il ne faut qu'un peu de combustible, tandis qu'il est très-difficile de se préserver des excès de la chaleur. Le climat de la Belgique diffère, du reste, si peu de celui du nord et du centre de la France, que l'on ne peut conserver aucun doute sur l'exactitude des faits

(1) De Gasparin, *Mémoires*, t. III, p, 225.
(2) De Boullenois, *Conseil aux nouveaux éducateurs*, p. 12.

que nous voulons prouver, lorsque l'on voit dans les plaines de Paris, sur les bords de la Seine, dans le département de Seine-et-Oise, etc., etc., des plantations de mûriers aussi belles que dans le Midi, et élever des vers qui donnent de la soie aussi brillante, aussi nerveuse qu'on peut le désirer.

Nous concluons donc, avec M. de Gasparin que nous nous plaisons à citer souvent comme l'une des plus puissantes autorités en pareille matière (1) :

« Partout, avec de l'intelligence et des connaissan-
« ces physiques, partout, excepté dans l'air miasma-
« tique, on parviendra à élever des vers à soie, à
« produire de bons cocons, si l'on a une nourriture
« suffisante et appropriée à leur donner. Dans tous
« les lieux dont l'air est pur, c'est bien plus la ques-
« tion du mûrier que celle du ver à soie qu'il faut y
« examiner. »

Il ne s'agit donc plus, pour ouvrir les yeux aux plus incrédules, que de démontrer que le mûrier croît en Belgique, qu'il résiste aux gelées, et qu'il donne un produit en feuilles suffisant.

C'est encore, pour la théorie, à M. de Gasparin que nous en appelons. Il a traité cette question, avec le talent qu'on lui connaît, dans un mémoire spécial ayant pour titre : *De la limite de la culture du mûrier et de l'éducation des vers à soie* (2).

Il y démontre que le mûrier supporte 27 degrés de froid en Suède; il établit le chiffre de 25 degrés de froid comme la limite à laquelle s'arrête forcément la culture du mûrier. Il trace cette limite en tirant une ligne qui, partant des côtes de la Norwége, atteigne la chaîne de Drovefields, en suive la direction, vienne

(1) *Mémoires*, t. III, p. 113.
(2) *Ibid.*, t. III, p. 141.

passer par Berlin, et de là se rende à l'embouchure du Danube.

On voit que la Belgique, se trouvant bien éloignée de cette limite, est dans les conditions les plus favorables relativement à d'autres pays où l'on s'occupe de la culture du mûrier pour l'exploitation de la soie.

Revenant à la question de fait, nous rappellerons que l'on élève le ver à soie avec succès en Prusse. A Potsdam on voit encore de vieux mûriers plantés par le grand Frédéric. En 1850, il a été filé à Berlin plus de 20,000 kilogrammes de cocons, provenant d'éducations faites dans le pays.

On ignore peut-être que dans les Cévennes, où l'éducation des vers à soie a atteint un immense développement, la température n'est guère plus élevée que dans les environs de Paris, et que dans la Chine, ce pays auquel nous devons le ver à soie, il y a des latitudes très-froides comme très-brûlantes, et que l'on y cultive le mûrier presque partout. A Serang, capitale de la Mongolie où l'on élève le ver à soie, l'hiver est souvent beaucoup plus rigoureux que dans le centre de l'Europe.

L'on rencontre aujourd'hui en Belgique de nombreuses plantations de mûriers qui ne souffrent jamais des rigueurs de l'hiver.

Nous connaissons près de Bruxelles un pied de mûrier rose qui a certes plus de cent ans d'âge.

La plantation de Forest n'a jamais perdu de plants de mûriers, et elle a cependant eu à souffrir les gelées de quelques hivers très-rigoureux.

Sont-ce les gelées du printemps qu'il faut craindre?

Mais les contrées du Midi y sont bien plus exposées que celles du Nord (2).

(1) De Gasparin, *Mémoires*, t, III, p. 206.
(2) De Boullenois, p. 2.

Des recherches consciencieuses ont démontré que les gelées printanières sont moins fréquentes à mesure que l'on approche du solstice d'été.

Donc, plus la saison de l'éducation approchera de cette époque, et moins on aura à craindre un abaissement considérable de température. Or, le commencement de l'éducation des vers à soie est d'autant plus retardé que l'on avance davantage vers le nord.

Il résulte d'observations relevées avec soin qu'en vingt-quatre ans l'on a eu, sous le climat de Paris, quatre gelées blanches après le développement de la feuille des mûriers, tandis qu'à Rome, en neuf années, vers la même époque, l'on a éprouvé soixante-six gelées blanches en avril et en mai.

L'on ne peut non plus nier que la qualité de la soie récoltée en Belgique ne soit excellente. Pendant de longues années M. de Mevius a vendu les produits de l'établissement qu'il a dirigé, à raison de 60 à 70 fr. le kilogramme de soie grége, ce qui équivaut à la valeur des bonnes soies françaises. Il a reçu les attestations les plus honorables des meilleurs négociants de Lyon, lesquelles prouvent que les soies belges sont de nature à lutter avec les produits similaires des autres pays (1).

Enfin, l'expérience de dix-huit éducations conduites avec le plus grand soin aux établissements de Forest et de Meslin-l'Evêque ont démontré que, dans notre

(1) Voici la copie de deux certificats délivrés, à deux époques différentes, par la maison Peellon, Goujon et Roche, de Lyon :

« Nous soussignés, négociants fabricants d'étoffes en soie de cette ville, déclarons par la présente avoir acheté de M. Charles de Mevius, propriétaire, domicilié à Meslin-l'Evêque, en Belgique, 23,67 kilog. de soie grége, à raison de soixante-huit francs le kilog., comptant, sans escompte, et faisant ensemble une somme totale de fr. 1609 55. Cette soie grége que M. de Mevius nous a dit avoir fait filer en Belgique, de cocons provenant de sa récolte, dans le courant de l'année 1855, nous

pays, 18 kilogrammes de feuilles de mûrier peuvent produire un kilogramme de cocons, 55 à 60 kilogr. de cocons environ par 1,000 kilogrammes de feuilles, et que 11 kilogrammes de cocons donnent un kilogramme de soie grége.

Ce rendement est égal, sinon supérieur, à celui que l'on obtient dans les meilleures magnaneries françaises.

En effet, M. de Gasparin (1) évalue, en moyenne, à 17 1/2 kilogrammes la quantité de cocons nécessaire pour obtenir un kilogramme de soie grége, et que 1,000 kilogrammes de feuilles donnent de 30 à 60 kilogrammes de cocons, suivant l'habileté de l'éducateur. M. de Boullenois évalue le produit de 1,000 kilogrammes de feuilles provenant de greffes et employées d'après les meilleurs procédés de 50 à 60 kilogrammes environ, ce qui donne 5 à 6 p. c. du poids de la feuille, et il ajoute qu'il y a en France des éducateurs qui n'obtiennent pas 2 p. c.

Enfin veut-on, comme dernier argument, connaître l'opinion de l'un des hommes les plus versés dans l'art de la sériciculture, M. Bonafous de Turin? Voici ce qu'il dit, dans une lettre datée du 15 octobre 1836, au retour d'un voyage qu'il a fait en Belgique, et

a paru d'une bonne nature, et la filature en a été assez bien soignée pour que le moulinage en ait été facile et le produit satisfaisant.

« Lyon, le 25 avril 1836. »

« Les soussignés, marchands fabricants d'étoffes de soie, attestent qu'ils ont acheté de M. Charles de Mevius, à Meslin-l'Evêque, en Belgique, les soies gréges 7/8 cocons, provenant de la filature des années 1837 à 1840, après les avoir fait essayer par le sieur Cornet, essayeur public de soie à Lyon, qui les a déclarées être du titre de 16/18, ce qui correspond exactement à celui que donne généralement le nombre de cocons indiqué. Qu'après l'examen qu'ils ont fait de la partie entière, qui se compose de 151 kilog., les soussignés estiment que cette soie sera d'un bon emploi ; que déjà ils ont employé celle provenant de la même filature en 1836, dont ils ont été satisfaits.

« Lyon, le 27 novembre 1840. »

(1) *Mémoires*, t. III, p. 260.

écrite à un éducateur belge : « Je suis revenu con-
« vaincu du succès que la Belgique peut se promettre
« dans la production de la soie. Les plants de mûriers
« que j'ai vus attestent par leur croissance et leur
« état de santé que le soleil de votre pays est assez
« propice pour que le gouvernement éclairé de Léopold
« continue à exciter une industrie dont vous avez
« vous-mêmes fait naître les premiers germes. Si plus
« tard je retourne en Belgique, comme je l'espère,
« je ne doute pas d'y trouver cette industrie aussi
« grandie, aussi développée qu'elle peut l'être dans
« l'espace de temps qui se sera écoulé. »

Il est donc prouvé pour nous que la Belgique peut produire avec avantage de la soie qui ne le cède en rien à celle provenant d'aucun autre pays.

Mais s'il en est ainsi, nous demandera-t-on, pourquoi l'industrie de la soie n'a-t-elle pas encore pris dans notre pays un plus grand développement?

Toutes les industries nouvelles, toutes les importations étrangères, en agriculture surtout, ont toujours rencontré de grands obstacles avant de s'implanter dans un pays : n'a-t-on pas vu plus haut les difficultés que l'industrie de la soie a eu à vaincre, et qu'il a fallu plusieurs siècles avant qu'elle prît définitivement racine en Italie et en France ?

Il y a peu de personnes encore, en Belgique, qui aient foi dans l'avenir de la culture de la soie : les uns s'imaginent que si la production de la soie prenait un grand développement en Belgique, un pays voisin pourrait en prendre ombrage et chercher à l'arrêter en nuisant à d'autres branches de notre industrie; ils trouvent donc non-seulement inutile, mais même dangereux, de s'en occuper. Nous avons entendu des gens très-sérieux émettre cette opinion.

A cette objection, nous ne répondrons que deux

mots : La France ne produit environ que les deux tiers de la quantité de soie nécessaire à la consommation de ses fabriques, et elle est obligée de combler son déficit par des achats de soie grége en Italie, en Sardaigne, en Turquie, en Espagne, en Chine et aux Indes. Il n'est pas probable que jamais la France pourra subvenir complétement à sa consommation intérieure pour cet objet.

D'autres personnes, dénuées des connaissances nécessaires pour élever le ver à soie, ont fait le plus grand tort à l'avenir de cette industrie par les échecs qu'elles ont éprouvés.

Nous avons connu bon nombre de personnes qui ont créé des pépinières de mûriers, et qui ont dépouillé les arbres de leurs feuilles avant que le temps fût venu de les mettre en exploitation. Pressées par le désir de former une éducation, elles ont détruit l'avenir de leurs plantations; les arbres étaient épuisés avant d'avoir eu le temps de croître : elles en ont conclu que le mûrier ne venait pas bien en Belgique. Ne voyons-nous pas encore aujourd'hui des gens qui demandent, la même année, et de la graine de vers à soie et des plants de mûriers pour les nourrir?

L'on conçoit qu'avec une pareille ignorance des premières notions de cette industrie, celle-ci ait fait peu de chemin encore en Belgique. Cependant, il y a aujourd'hui plusieurs magnaneries qui travaillent avec succès : MM. Lebrun à Lessines, de Coninck à Gand, de Potter à Audenarde, Vermersch à Evergbem, Lecandèle à Humbeek, etc., etc., obtiennent de très-bons résultats.

En publiant cet ouvrage, nous avons surtout eu pour but de chercher à rectifier des idées erronées sur l'industrie de la soie et à répandre les meilleures méthodes d'éducation.

Nous serons heureux si nous atteignons notre but. Une grande partie de la Belgique est propre à la culture du mûrier. Cet arbre se plaît principalement dans les localités où le sol est perméable et légèrement sablonneux. Sur les plateaux un peu élevés et les coteaux bien exposés, il croît également bien.

Il importe de ne pas tenter témérairement la culture de la soie dans toutes les localités, quand bien même le mûrier y croîtrait parfaitement. Cette industrie exige, à certains moments, une main-d'œuvre considérable qu'il faut pouvoir se procurer aisément.

Ainsi, là où la population est nombreuse et où la culture des terres est très-divisée, l'on peut s'y adonner avec avantage.

De même nous ne conseillerons jamais d'élever le ver à soie dans les pays de plaine où les villages se trouvent à de grandes distances, où la culture est peu divisée et où la main d'œuvre est très-rare.

Dans certaines partie de presque toutes nos provinces, mais dans les Flandres surtout, l'industrie de la soie pourrait offrir une grande source de revenu, et y apporter un soulagement notable à la situation de la classe ouvrière.

Les plus pauvres habitants y trouveront des ressources certaines, car c'est un des caractères particuliers de cette industrie de pouvoir se diviser et se fractionner à l'infini. Le résultat des petites éducations est bien plus assuré que celui des grandes, parce que dans les petites chambrées les vers sont moins exposés aux maladies et aux accidents de toute espèce auxquels ils sont sujets lorsqu'ils sont réunis en très-grand nombre.

Dans chaque chaumière, moyennant le produit de quelques pieds de mûriers, de quelques mètres de haies de cet arbre, ou l'achat de quelques centaines de kilogrammes de feuilles de mûrier, on peut en quelques jours obtenir un produit de 50 à 80 fr. de cocons.

C'est, en quelque sorte, de l'argent trouvé, et qui aide le ménage à passer les mauvais jours de l'hiver.

Les frais des petites éducations de vers à soie sont pour ainsi dire nuls.

Le mobilier du petit éducateur coûte fort peu de chose; moyennant une cinquantaine de francs, il peut être fourni de tous les ustensiles nécessaires à l'éducation de 15 grammes de graines dont le produit peut être évalué à 15 kilogrammes de cocons d'une valeur de 60 fr. Une fois le mobilier acquis et payé amplement avec la première récolte, le produit des années subséquentes constitue presque entièrement un bénéfice net.

Du reste, nous n'engagerons pas, dans les localités où le loyer des terres est élevé, à couvrir entièrement le sol de mûriers; mais nous insisterons surtout pour que l'on plante des arbres greffés à haute tige et qu'on forme des haies de mûriers le long des limites des propriétés; qu'on remplace par des arbres de cette nature, les plantations dont le produit est presque nul et se fait attendre pendant de longues années : au bout de peu de temps, les mûriers deviennent des arbres de rente, outre qu'ils produisent un bois d'une grande valeur dans l'ébénisterie.

SECONDE PARTIE.

DE LA CULTURE DU MURIER.

§ 1. — CARACTÈRES GÉNÉRIQUES.

Le mûrier (*morus*), arbre de la monœcie tétrandrie de Linné et de la famille des urticées, a les caractères génériques suivants :

Fleurs unisexuelles et monoïques, rarement dioïques. Les fleurs mâles et femelles venant communément sur le même pied. Elles sont portées sur des chatons oblongs ou ovoïdes, mais séparés. Les unes et les autres, privées de corolle, ont un calice découpé en quatre segments ovales-concaves dans les mâles, arrondis et persistants dans les femelles.

Les premières renferment quatre étamines, dont les filets en alêne, et courbés avant le développement de la fleur, se redressent ensuite et dépassent le calice. Les secondes contiennent un ovaire en cœur, surmonté de deux longs styles un peu rudes, réfléchis et à stigmates simples. Le calice de celles-ci, après leur fécondation, devient une petite baie charnue, succulente et monosperme; c'est la réunion, en assez grand nombre, de ces baies groupées, qui forme le fruit connu sous le nom de *mûre*, lequel est globuleux ou ovale, plus ou moins gros et assez semblable à celui de la ronce.

Le mûrier est un arbre lactescent à feuilles simples, alternes, quelquefois opposées, tantôt entières, tantôt lobées, et toujours accompagnées de stipules; leurs chatons sont solitaires et axillaires, leurs fruits sont communément bons à manger.

On compte beaucoup d'espèces de mûriers dont quelques-unes sont mal déterminées et d'autres peu connues. Toutes ont une origine étrangère. Plusieurs ont été depuis longtemps naturalisées en Europe, et y ont donné naissance à beaucoup de variétés qui portent différents noms, suivant les pays, ce qui en rend la connaissance un peu embarrassante.

Lorsque les vers à soie furent introduits en Europe, on les nourrit d'abord avec la feuille du mûrier noir (*morus nigra*), le seul qui y fut connu jusqu'à l'époque où le mûrier blanc fut généralement substitué au premier.

Cette dernière espèce offre, en effet, plusieurs avantages sur le mûrier noir :

1° Ses feuilles s'épanouissant quinze ou vingt jours plus tôt, les vers qui en sont nourris sont donc plus avancés, et peuvent être mieux préservés des chaleurs du solstice d'été;

2° Le mûrier blanc croît plus vite, et son feuillage, d'un vert plus clair, est plus abondant;

3° Sa feuille, plus tendre et plus nutritive, procure une soie supérieure à celle que produit le mûrier noir, dont les vers à soie s'accommodent mal quand ils sont jeunes.

Cette espèce, la seule dont nous nous occuperons, comprend des variétés si nombreuses, que les agronomes ne s'accordent point sur leur nomenclature.

Les mûriers blancs se divisent, à leur tour, en

mûriers sauvages, en mûriers greffés et en mûriers de boutures.

On appelle mûrier sauvage le mûrier tel qu'il est donné par le semis ; le bois, généralement, en est épineux, la feuille petite, lobée, difficile à cueillir, de peu de consistance et se flétrissant promptement.

Pendant longtemps on n'a cultivé pour l'éducation des vers à soie que des mûriers blancs sauvages; on en formait des arbres à haute tige qu'on plantait sur le bord des routes ou des héritages; on ne les taillait pas la plupart du temps, et on les laissait croître en toute liberté comme des chênes ou des ormes; aussi la cueillette des feuilles était-elle très-longue et très-dangereuse. Les ouvriers avaient beaucoup de peine à parvenir au sommet des branches, et ils étaient exposés aux plus graves accidents.

Ce n'est qu'à la fin du siècle dernier qu'on a commencé à avoir des mûriers greffés, et que, par la suite, on a été amené à tailler les arbres et à les équilibrer, en les maintenant en gobelet, à une hauteur modérée, de manière à ce que l'air, la chaleur et la lumière pussent bien pénétrer dans toutes les parties.

Les mûriers greffés sont formés au moyen de variétés meilleures obtenues par les semis, que l'on a cultivées avec soin et persévérance.

Quand les mûriers greffés sont bien dirigés, leur bois est uni, lisse et droit, leur feuille est large et développée, facile à cueillir.

La feuille s'en conserve parfaitement pendant plusieurs jours dans un endroit froid.

Il est donc préférable d'avoir des mûriers greffés qui fournissent des feuilles larges et abondantes, tandis que le mûrier sauvage ne donne que de petites feuilles lobées, difficiles à récolter.

L'expérience a prouvé, du reste, que la feuille du mûrier greffé est aussi bonne que celle du mûrier sauvage pour la nourriture du ver à soie. L'on n'emploie plus guère la feuille de ce dernier que pour la nourriture des vers dans les deux premiers âges, parce qu'elle est plus délicate et qu'elle est plus précoce.

On multiplie aussi le mûrier par le marcottage et le bouturage; mais ces procédés, peu usités, n'ont pas donné jusqu'à présent d'assez bons résultats pour que nous conseillions de les employer.

On peut entreprendre la culture du mûrier pour nourrir le ver à soie dans tous les climats où cet arbre, effeuillé une fois dans l'année, produit une seconde feuille et aoûte son nouveau bois.

Quoique le mûrier s'accommode de toute sorte de terrain, pourvu qu'il ne soit pas impropre à la végétation, l'arbre n'acquiert point partout la même force, ni ses feuilles la même qualité.

Le mûrier planté dans les lieux élevés, ventilés, naturellement secs, et dans les fonds légers, procure généralement une soie abondante, fine et nerveuse. Exposé à des vents auxquels l'arbre peut résister, il devient plus robuste; son bois acquiert plus de dureté, et ses racines se fortifient, surtout du côté frappé par l'air.

Le mûrier croît dans tous les terrains avec une vigueur et une rapidité qui étonneront tous les nouveaux planteurs, pourvu que ces terrains soient perméables et assis sous un sous-sol perméable ou en pente.

On ne peut se dissimuler que l'ombre et les racines du mûrier nuisent en quelque sorte aux cultures qui l'avoisinent, et que la cueillette de la feuille et la taille de l'arbre ne leur occasionnent quelques dommages; c'est ce que le mûrier a de commun avec tous les arbres que l'on plante dans les champs; mais il est juste de dire que le cultivateur trouve des compensations réelles, non-seulement dans la riche matière que le mûrier fournit à l'industrie, mais encore dans le bois retiré de la taille, dans l'engrais précieux que donne la litière du ver à soie, ainsi que dans celui que laisse l'insecte après le dévidage des cocons.

Le bois du mûrier est assez dur pour servir à différents ouvrages de tour et de menuiserie; sa pesanteur spécifique est la même que celle du bois de noyer.

§ 2. — SEMIS DE MURIER.

La voie des semis est la plus sûre pour obtenir des sujets vigoureux et de belle venue.

Il faut d'abord tâcher de se procurer de la graine de bonne qualité, si l'on n'a pu en récolter soi-même (1).

Pour récolter cette graine, il faut s'y prendre de la manière suivante :

On ramasse les fruits provenant de mûriers parfaitement sains, ni trop jeunes ni trop vieux, et dont on n'a pas cueilli la feuille l'année où l'on veut en utiliser le fruit.

On écrase ces mûres avec les mains dans un vase rempli d'eau; lorsque la graine s'est détachée de la pulpe, on incline le vase de manière que tous les débris s'échappent avec l'eau, et que la graine seule reste au fond; on renouvelle l'eau, et l'on réitère plusieurs fois ces lavages, jusqu'à ce que la graine soit

(1) Chez M. Vilormain-Andrieux, à Paris, on trouve presque toujours d'excellente graine de mûrier.

bien nette; on l'écoule ensuite sur un linge, et on l'étend à l'ombre, dans un endroit aéré, pour la faire sécher insensiblement.

Pour semer la graine, il faut faire choix d'une bonne terre légère; on la défonce profondément, avant l'hiver, et on l'engraisse avec de l'engrais liquide. L'engrais humain est préférable.

Le semis doit être bien abrité, l'exposition du sud-sud-est est la plus favorable.

On sème en mars ou avril, bien dru et en lignes espacées de 20 centimètres. Ce mode est le meilleur, pour que les semis puissent être sarclés avec soin.

Avant de semer, on prépare la graine en la faisant tremper pendant vingt-quatre heures dans du lait de beurre, ou dans de l'eau de pluie qui a été exposée pendant plusieurs jours à l'action de l'air et des rayons du soleil; lorsqu'on se sert d'eau pluviale, on y mélange de l'acide muriatique dans la proportion de deux parties d'acide sur cent parties d'eau.

Ce mélange étant fait, on y jette la graine qu'on laisse tremper pendant vingt-quatre heures; après l'en avoir retirée, on la fait égoutter pendant quelque temps, on la mélange avec du sable bien sec et on la sème. Elle doit être recouverte d'environ un centimètre de terre.

L'année suivante, si le semis est assez fort, on le repique en lignes espacées de 30 ou 40 centimètres. Les jeunes plants se placent à 4 ou 5 centimètres les uns des autres. En les plantant, on soigne bien les racines des jeunes mûriers qu'on rabat à environ un demi centimètre du collet. On doit éviter de repiquer les jeunes plants à la broche comme on plante les choux, ce mode étant très-défectueux.

Si, au commencement de la deuxième année, le semis n'était pas assez fort pour être transplanté, on le laissera un an de plus sans lui faire subir cette opération, en ayant soin de continuer à le bien cultiver et à le purger des mauvaises herbes. Les mûriers obtenus de semis s'appellent *mûriers-sauvageons;* ils ont ordinairement des feuilles plus ou moins lobées, quelquefois très-petites, comme les feuilles d'épines. Toutefois il s'en trouve qui ont des feuilles entières; ceux-ci doivent être mis à part, et ne pas être greffés, car ils sont à la fois les meilleurs, ceux qui prospèrent le mieux et les plus robustes; ce n'est guère que pendant la troisième année qu'un œil exercé peut les distinguer. Les autres doivent être greffés, lorsqu'on les destine à devenir de grands arbres plantés à demeure. Pour les haies on peut s'en dispenser.

§ 3. — MURIERS GREFFÉS.

Il existe un grand nombre de variétés de mûriers greffés et l'on en crée tous les jours de nouvelles par le semis.

Les meilleures sont celles qui donnent les pousses les plus vigoureuses, les feuilles les plus larges et qui résistent le mieux aux gelées printanières.

Nous citerons parmi les variétés que l'on recherche aujourd'hui le plus, le mûrier *rose de Bagnols, fleur de lis, feuilles de Rose, blanc d'Italie, latifolia, feuilles de parchemin, mâle de Dandolo*, etc.

Les mûriers greffés sont soumis aux trois formes suivantes : les hautes tiges, les mi-tiges, et les nains.

La tête des hautes tiges commence à environ 1 mètre 65 centimètres à 2 mètres du sol; celle du mi-tige à 1 mètre seulement; la tête du nain est placée aussi près du sol que possible.

La plantation du mûrier nain n'est guère usitée, à cause des inconvénients qu'elle présente : les têtes ou les branches des sujets sont trop rapprochées de terre, et, par suite, très-exposées aux ravages des gelées du printemps ; il n'y a que les mûriers sauvages que l'on puisse diriger ainsi, parce qu'ils craignent moins la gelée.

Quelques personnes préfèrent les plantations de mi-tiges ; cette forme de mûriers est moins exposée aux gelées que les nains et les haies ; ils coûtent moins cher à planter, et entrent plus vite en rapport que les hautes tiges. Mais les hautes tiges doivent être préférées lorsque l'on veut créer des plantations d'avenir ; leur tête étant plus élevée, ils sont encore moins exposés à la gelée que les mi-tiges ; ils ne craignent pas autant la dent des bestiaux. Enfin, il est beaucoup plus facile de labourer à la charrue sous leurs branches, et on peut les placer à de grandes distances dans l'intérieur ou sur le bord des champs, le long des chemins et des avenues, tandis qu'il faut consacrer une portion de terrain tout entière aux mi-tiges.

Chacun doit donc, d'après les circonstances, la nature et l'étendue de sa propriété, juger laquelle de ces formes de mûriers lui convient le mieux.

Jusqu'à présent, les planteurs belges ont dû faire revenir les mûriers greffés des pépinières françaises (1).

Il faut espérer qu'il s'établira bientôt en Belgique des pépinières où l'on pourra se procurer les meilleures variétés de mûriers greffés à haute tige.

(1) MM. Audibert, à Tarascon (Bouches-du-Rhône), ont fourni beaucoup de mûriers plantés en Belgique. C'est une maison à laquelle on peut s'adresser avec confiance. Les jeunes greffes hautes tiges, ayant de 4 à 5 ans de pépinière, coûtent un franc le plant.

Pour les personnes qui préféreront former des pépinières sur place, nous allons faire connaître des procédés à suivre pour opérer la greffe.

GREFFE.

La greffe en flute ou chalumeau, et la greffe en écusson à la pousse sont les plus propres au mûrier. Cette dernière méthode semble devoir être préférée. La greffe à écusson à œil dormant, c'est-à-dire à la seconde séve, ne réussit guère sous notre climat.

L'opération de la greffe se fait au pied des jeunes sauvageons, lorsqu'ils ont atteint la grosseur du petit doigt. Elle se place à 4 ou 5 centimètres du sol. Quand elle est bien faite, dans toutes les conditions et avec toutes les précautions voulues, elle réussit très-bien en Belgique.

Dans le courant de mars, selon l'état plus ou moins avancé de la végétation, dès que les bourgeons commencent à s'émouvoir, on enlève à de vieux mûriers à feuilles entières et des meilleures variétés, les branches dont on veut tirer les greffes ou écussons.

On place ces branches dans un endroit *obscur*, *frais* et *sec*, où on les recouvre d'une épaisse couche de poussière bien sèche jusqu'au moment de s'en servir.

Quand la séve est montée dans les sujets destinés à la greffe, et lorsque l'écorce se détache bien, on procède à la greffe qui se fait en T droit et non en ⊥ renversé; pour ce travail, il faut choisir un temps calme et clair, le vent soufflant sud-sud-est, une température qui ne soit point en dessous de + 6° R et le moment de la journée qui est renfermé entre neuf heures du matin et deux heures de relevée. On tournera la greffe vers l'est, et en faisant l'incision de l'écorce, on aura bien soin de ne point attaquer le bois du sujet avec la pointe du greffoir; on serre bien les lèvres de l'incision, sans étrangler la greffe, et quand celle-ci commence à pousser, on desserre un peu la ligature, pour laquelle on peut employer l'écorce de jeunes branches de mûrier.

Lorsque la greffe a acquis 2 ou 3 centimètres de longueur, on coupe la tige du sujet à 10 ou 12 centimètres au-dessus de la greffe; ce talon sert de tuteur à la greffe pendant la première année; le printemps suivant, ce talon est rasé au niveau de la greffe, la plaie est recouverte de mastic, et la greffe reçoit un tuteur.

Pour toutes les plaies quelconques des mûriers, le meilleur vulnéraire est celui connu sous le nom d'onguent Forsyth, dont voici la composition bien connue :

Bouse de vache,	kil.	1.000	gram.
Plâtre, 500 grammes,	»	0.500	»
Cendre de bois, 500 grammes,	»	0.500	»
Sable siliceux, 63 grammes,	»	0.063	»
	kil.	2.063	gram.

On arrête les greffes de mûriers à 1 mètre 75 centimètres environ du sol, élévation à laquelle on forme la tête de l'arbre qu'on peut alors planter à demeure.

Pour les mûriers à mi-tiges on arrête la greffe à 1 mètre de hauteur.

§ 4. — HAIES DE MURIER.

Toute bonne plantation de mûriers ne doit renfermer que la quantité de mûriers sauvages nécessaire aux premiers âges des vers.

A cet effet, la meilleure manière d'en tirer parti est de planter le sauvageon en haie, en mettant les jeunes sujets, que l'on nomme *pourrettes*, à 20 ou 30 centimètres de distance, suivant la qualité du terrain et en formant la tête à 30 ou 40 centimètres du sol.

On les cueille ensuite chaque année, et aussitôt après la cueille on les ravale jusque sur la souche comme on tond les saules; on peut encore ne pas former de têtes et les recéper rez-terre. Le ravalement doit se faire avant le 20 juin, ce qui est très-facile, puisque les haies de mûriers ne servent que pour le commencement de l'éducation, si on les ravalait à une époque trop avancée de la saison, elles n'auraient pas le temps de s'aouter. Il va sans dire qu'on leur donne un ou deux labours par an, et même qu'on les fume, quand cela est nécessaire. On fera bien de choisir pour les haies de mûriers, les espèces dont la feuille est la plus mince, la plus délicate, et celles qui sont le plus hâtives; on fera bien aussi de les placer dans une bonne exposition, au midi, le long d'un mur si c'est possible : de cette manière on obtiendra de la feuille plus tôt pour les premiers âges.

§ 5. — PLANTATION DES MURIERS GREFFÉS.

Les règles de la plantation des pieds de mûriers sont les mêmes que celles qui sont suivies pour planter toute espèce d'arbres.

Ainsi les sujets prospéreront d'autant mieux, et

répondront d'autant plus vite à l'espoir du planteur, que le terrain aura été préparé avec plus d'intelligence, que les racines auront été rapprochées plus soigneusement et mieux disposées en terre, qu'il aura enfin choisi avec plus de discernement le moment favorable à la plantation.

Le rapprochement des racines consiste à retrancher tout ce qui a été endommagé par l'arrachement ou le transport des sujets; mais il faut conserver précieusement celles qui sont saines. Quant à la préparation du terrain, il est très-important de creuser les fosses avant l'hiver; on place d'un côté la bonne terre, et de l'autre tout ce que fournit le sous-sol. Au moment de la plantation, on jette au fond de la fosse une partie de la bonne terre bien ameublie, et à laquelle on mêle de l'engrais; on place le sujet dessus à la hauteur convenable; on étale avec soin les racines conservées, et on les couvre de la meilleure terre, en foulant un peu cette terre, mais sans trop la presser, si elle est humide. Ce qu'il faut éviter particulièrement, c'est qu'il reste du vide entre les racines; pour cela, on enfonce légèrement la terre dans les intervalles avec un bâton. Il faut aussi avoir grand soin de ne pas enterrer la greffe, mais de la laisser en dehors.

On plante à l'entrée de l'hiver ou au printemps; nous pensons qu'il est préférable, en Belgique, d'adopter l'époque du printemps, afin d'épargner aux jeunes plants la rigueur de l'hiver.

On place les hautes tiges sur le bord des héritages ou en ligne dans les champs; dans tous les cas, il faut laisser entre chaque mûrier une distance d'au moins 10 mètres, de manière à ce qu'ils puissent se développer en toute liberté, sans se gêner les uns les autres. Le bord des héritages est préférable, parce que les arbres sont mieux placés pour recevoir l'action de l'air, de la lumière et de toutes les influences atmosphériques.

Ce mode de plantation a en outre l'avantage de ne rien enlever du sol arable destiné à la culture des céréales.

Il faudra toujours consacrer à chaque rangée d'arbres une bande de terrain, qui doit avoir de 3 à 4 mètres de large, et à laquelle on donne tous les labours et toutes les façons nécessaires.

On place les mûriers à hautes tiges dans des fosses d'un mètre carré d'ouverture au moins, et d'un mètre de profondeur.

A mesure que l'arbre se développe on défonce tout autour le terrain qui lui est réservé.

Pour les mûriers mi-tiges, on donne un peu moins de profondeur à la fosse.

§ 6. — CULTURE, TAILLE ET ÉBOURGEONNEMENT DU MURIER.

L'on ne doit pas perdre de vue que le traitement à appliquer au mûrier doit avoir pour but d'obtenir des feuilles et non des fruits. Si l'on n'exigeait pas du mûrier une récolte continuelle de feuilles, on pourrait ne pas en prendre plus de soin que de tout arbre forestier ou d'agrément.

Mais on les oumet a de rudes épreuves, non-seulement on prive l'arbre de sa feuille, mais encore on lui fait de nombreuses blessures pour récolter cette feuille.

Il faut donc que l'intelligence et l'industrie de l'homme s'appliquent à rechercher les moyens de balancer les effets d'un traitement aussi anormal.

Hâtons-nous d'ajouter que la puissance de végétation du mûrier est telle, qu'il répare facilement les pertes qu'on lui a fait éprouver.

Les mûriers greffés doivent recevoir deux façons par an au pied : la première en février ou en mars, la deuxième en automne.

Il n'est pas indispensable de cultiver à la main ; une charrue, conduite par des chevaux ou des bœufs, qui ne soulève pas de trop grosses mottes de terre, peut convenir. Il ne faut pas labourer par une trop grande sécheresse, afin que la terre puisse mieux s'ameublir.

Si l'on n'a pas une grande quantité de mûriers, les labours à la main, quoique cependant plus dispendieux, sont préférables.

Il est nécessaire de fumer les mûriers; cependant il ne faut pas que ce soit avec excès, il y a une juste mesure à observer.

Ce n'est qu'à la deuxième ou à la troisième année que l'on doit songer à ces fumures. On fait autour de l'arbre une fosse circulaire de 1 mètre de large et de 30 centimètres de profondeur. On y met le fumier que l'on recouvre de terre, en le mêlant un peu avec celle-ci. La fosse ne doit pas être faite à une distance de moins de 15 centimètres du pied de l'arbre.

Quand une fois les arbres sont en rapport, ce n'est plus au pied qu'on doit les fumer; s'il s'agit d'une plantation en plein champ, c'est le champ que l'on doit fumer; s'il s'agit d'une plantation en bordure ou par bandes, c'est toute la zone qui est réservée à cette plantation.

La taille doit avoir pour but de faire produire au mûrier le plus de feuilles possible, de rendre la cueille facile, d'équilibrer toutes les parties de l'arbre, d'en assurer la santé et de remédier enfin, autant que possible, au mal que la cueille lui fait éprouver.

Voici le meilleur système de taille que nous connaissions pour notre pays (1).

La tête de l'arbre se forme en ne lui laissant pousser que trois ou quatre branches au sommet de la tige.

En février de l'année suivante, on taille ces quatre branches à deux ou trois yeux des aisselles, et on ne leur laisse pousser à chacune que deux bourgeons qui fournissent huit branches, lesquelles, en opérant toujours comme pour les quatre premières, en donneront seize, qui, la quatrième année, en fourniront trente-deux. L'exploitation peut alors commencer. Avant ce temps, on ne peut faire usage que des jeunes pousses qui doivent être retranchées, dans l'intérêt du développement des branches destinées à former la tête de l'arbre et auxquelles il faut se garder de toucher.

Pour faciliter l'intelligence de cette taille, nous donnons ci-après le dessin de mûriers greffés, taillés et non taillés, à l'âge d'un, deux, trois et quatre ans.

Ces mûriers ont été formés en laissant trois branches au sommet de la tige, lors de la formation de la tête (Voy. fig. 1, 2, 3 et 4).

Pour le traitement de l'arbre en exploitation, on doit bien se pénétrer de l'idée que le but est d'obtenir des feuilles et non des fruits; que les feuilles devant être récoltées, le centre de la tête de l'arbre doit être libre, pour qu'on puisse y monter facilement : par conséquent, un mûrier bien conduit doit offrir la figure d'un vaste gobelet.

L'expérience a démontré que, sous notre climat, il convient de ne cueillir la feuille du mûrier que tous les deux ans.

L'arbre souffre moins et produit à peu près autant

(1) C'est le système adopté dans le centre et le nord de la France.

que si on l'exploite chaque année, comme on le fait dans le midi.

Dans ce système de cueille bisannuelle, la taille

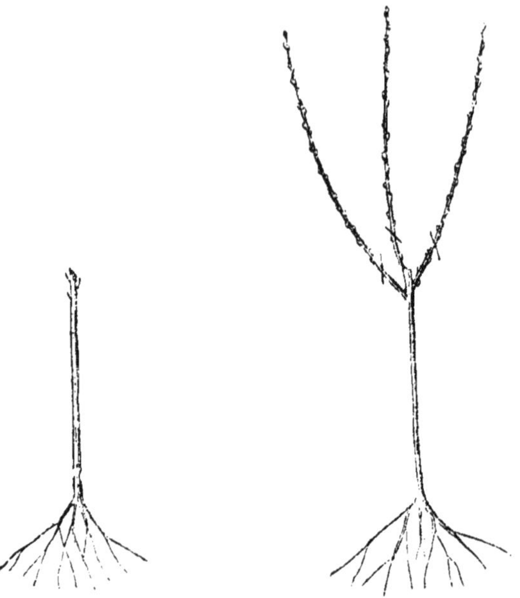

Fig. 1, taille de 1re année.

ne doit plus avoir lieu que tous les deux ans, au printemps de l'année qui suit la cueille. La taille des mûriers que l'on cueille doit se faire d'après les mêmes principes que celle des jeunes mûriers, c'est-à-dire qu'on rabat toujours les scions de l'année précédente à deux, trois, quatre et même cinq yeux, suivant la nature du sujet.

L'ébourgeonnement est une opération simple et facile.

En l'exécutant avec intelligence et en temps utile, on peut éviter de faire plus tard à un mûrier de funestes amputations, causes trop ordinaires de plaies d'écoulements, de chancres et même de mortalité. On prévient le mal, on établit l'équilibre dans toutes les parties de l'arbre, on fait disparaître les clairières,

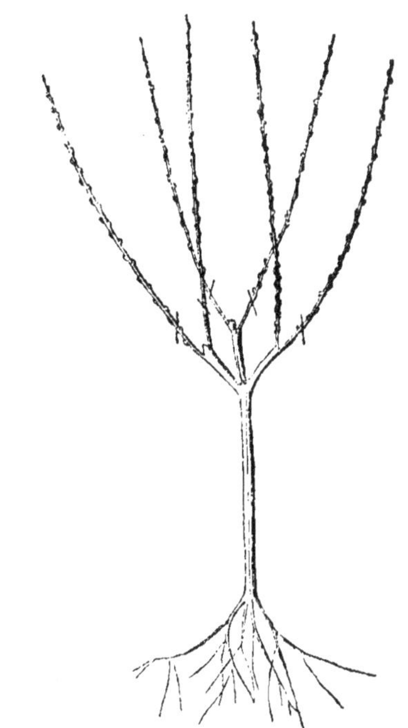

Fig. 2, taille de 2e année.

on imprime aux jeunes branches la direction la plus favorable, on utilise toute la vigueur et toute la séve des sujets, on détermine le plus ou moins de richesse qu'ils peuvent rapporter, enfin on réduit la taille à ce qu'elle doit être, au simple raccourcissement des arbres.

L'ébourgeonnement consiste à détruire, par la pression du pouce, tous les bourgeons superflus qui paraissent au printemps. On doit s'arrêter aussitôt que les bourgeons devenus trop forts, exigent l'emploi de la serpette.

L'on voit donc que le mûrier dont la récolte a eu lieu, reçoit une taille complète au mois de mars suivant : Cette année-là, il ne fournit de feuilles que celles qui proviennent de l'ébourgeonnement.

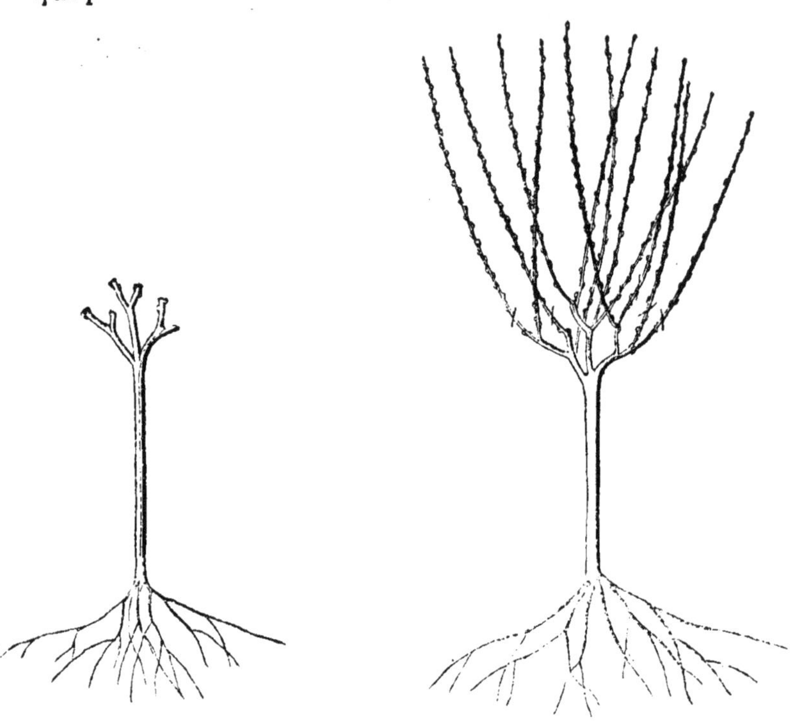

Fig. 3, taille de 3e année.

L'on doit avoir soin de calculer la taille de ces mûriers de manière à avoir une récolte de feuilles à peu près égale chaque année.

§ 7. — DES MALADIES DU MURIER.

Lorsque les mûriers sont convenablement plantés, traités et taillés comme nous l'avons marqué plus haut, il est rare qu'ils deviennent malades.

Lorsque dans sa jeunesse un mûrier est mal venant, il vaut mieux l'arracher et le remplacer, que de conserver un arbre qui deviendra sans doute rabougri par suite d'un vice de constitution.

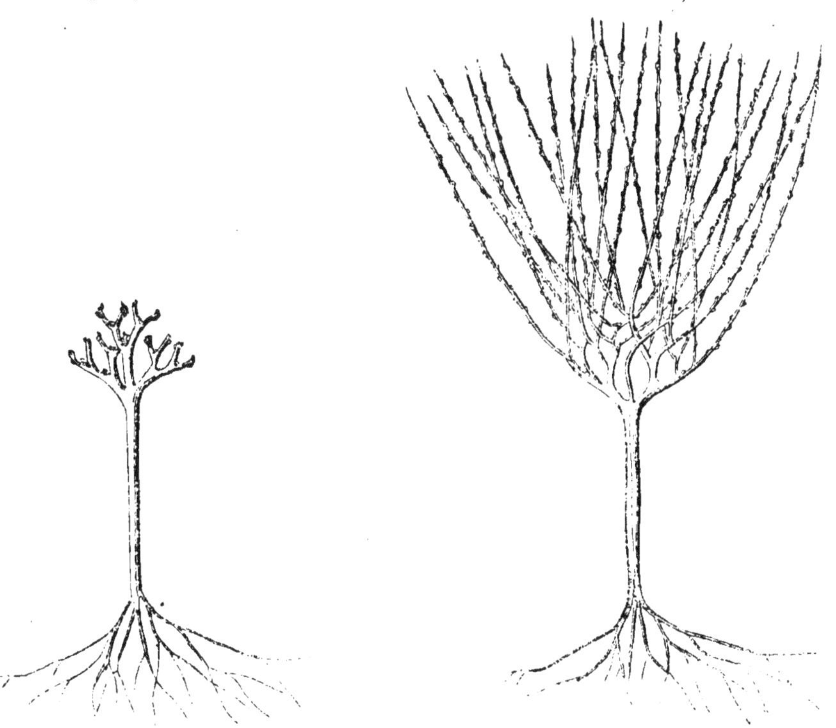

Fig. 4, taille de 4e année.

Aussitôt qu'il se déclare un chancre, résultant de contusions faites soit par les instruments de culture, soit de toute autre manière, il faut s'occuper sans délai de le guérir. A cet effet, on nettoie bien la plaie avec la serpette, et on la recouvre de l'onguent ou cire à greffer dont nous avons donné la recette plus haut.

Lorsqu'une plantation languit, lorsque les feuilles

des arbres jaunissent pendant l'été, il faut redoubler de soins, donner une façon de plus au sol, et fumer fortement, s'il est nécessaire.

Toute branche morte doit être enlevée immédiatement.

Lorsque l'on a dû retrancher de l'arbre des branches un peu fortes, on ne doit jamais négliger de recouvrir la plaie avec de la cire.

Les auteurs ont décrit un grand nombres de maladies du mûrier; les unes sont organiques, et les autres accidentelles.

Parmi les premières nous citerons le rabougrissement, la pourriture des racines, les ulcères chroniques.

Parmi les secondes on distingue : l'asphixie, la rouille, la jaunisse, le chancre blanc et le chancre noir.

Presque toutes ces maladies sont le résultat de l'absence de soins dans la plantation ou dans la manière de traiter l'arbre.

Nous ne nous appesantirons pas davantage sur ce sujet, qui pourrait nous mener trop loin du cadre de ce travail, et nous renvoyons pour cette matière aux auteurs qui l'ont traitée d'une manière spéciale (1).

Nous ne pouvons que recommander de ne négliger aucun soin pour que les arbres soient plantés dans les meilleures conditions : on évitera ainsi des accidents dus, la plupart au temps, à la négligence ou au défaut de connaissances spéciales.

(1) Charrel, p. 168. Paris, 1844.

§ 8. — CUEILLETTE, TRANSPORT, CONSERVATION DE LA FEUILLE.

Si les arbres sont bien conduits, la cueillette se fera avec économie et facilité. Pour les mûriers à haute tige, l'on se sert d'échelles doubles, pour ne pas être obligé de s'appuyer sur les branches et pour éviter les accidents qui peuvent en résulter.

L'on ne peut guère se permettre de grimper que dans les arbres qui ont une quinzaine d'années, encore vaut-il mieux s'en dispenser tout à fait lorsque cela est possible.

Pour renfermer la feuille au moment de la cueillette, on se sert de paniers à deux anses ou de sacs que l'on transporte immédiatement au magasin : on défait les sacs, on secoue la feuille et on l'étend dans un endroit frais, en formant une couche d'environ 4 centimètres, et ayant soin de remuer cet amas de feuille deux ou trois fois par vingt-quatre heures. On ne doit jamais perdre de vue que la plus légère fermentation des feuilles peut être très-nuisible. Si l'on prend toutes les précautions nécessaires et si la feuille provient de mûriers greffés, elle peut se conserver trois ou quatre jours.

On ne doit monter la feuille dans l'atelier qu'au moment des repas, afin d'éviter qu'elle ne se flétrisse. Pour monter la feuille, on se sert de paniers, et l'on fera bien d'avoir des tabliers en forme de grandes poches, dans lesquels chaque ouvrière mettra la feuille dont elle a besoin; c'est ce qu'il y a de plus commode et ce qui conserve le mieux la fraîcheur de la feuille.

§ 9. — FRAIS ET RAPPORT D'UNE PLANTATION DE MURIERS.

Pour donner une idée des dépenses et du revenu d'une plantation de mûriers, nous allons donner des calculs recueillis avec beaucoup de soin par des personnes dont l'expérience en pareille matière ne peut être mise en doute.

Nous supposons un hectare planté de mûriers à haute tige; comme nous l'avons dit, on doit consacrer en général aux hautes tiges des bandes de terrain de 3 à 4 mètres de large, sur le bord des héritages. En réunissant une certaine étendue de ces bandes, on peut arriver à la contenance d'un hectare, et les calculs sont les mêmes que si cet hectare se composait d'une seule pièce de terre.

En mettant donc les hautes tiges à 10 mètres, il faudra pour un hectare deux cent cinquante plantes.

La dépense sera répartie de la manière suivante :

Acquisition d'arbres	fr.	250
Transports de France en Belgique. . .		200
Défoncements		210
Frais de plantation		50
Frais de regarni		55
Perte de revenu (1)		450
Façons, fumure et taille (2)		805
	Fr.	2,000

Quarante hautes tiges étant nécessaires pour donner 1,000 kilogrammes de feuille par an, un hectare rapportera, au bout de 6 années, 6,250 kilog.

(1) Les arbres ne produisent pas pendant cinq à six ans ; c'est donc le revenu de l'hectare qui est perdu pendant ce temps : à 75 fr. par an, 450 fr. pour 6 années.

(2) On compte deux façons par an, à 25 fr. les deux façons ; pour les six ans pendant que les arbres ne rapportent pas, 150 fr., plus les fumures et la taille : pour compte rond, 805 fr.

de feuilles qui auront coûté 300 francs environ les 1,000 kilog.

Une fois que les mûriers greffés sont en rapport, on n'a plus d'autre dépense que les façons qu'il faut leur donner tous les ans, et la taille tous les deux ans. Comme nous l'avons vu, on compte par hectare, chaque année, pour les façons, 25 fr.; quant à la taille, on en paye à peu près les frais avec le bois que l'on retire des arbres. Il faut aussi compter le prix d'une fumure tous les deux ou trois ans.

Calculons maintenant l'intérêt que nous rapportera cette plantation.

Nous avons donc dû dépenser un capital de 2,000 fr. pour obtenir, après six années, une plantation de mûriers en plein rapport qui peut produire de 6,000 à 7,000 kilogrammes de feuilles.

Comme la taille est bisannuelle, nous aurons chaque année 3,500 kilogrammes de produit. La valeur des feuilles étant, au plus bas, de 8 fr. les 100 kilogrammes, la valeur du revenu brut sera de fr. 290 »

En déduisant les frais de taille, de fumure, de façons, etc., qui seront au maximum, de. . . . . fr. 40 »

Nous aurons obtenu un produit net de fr. 250 »
ou de 15 p. c. du capital dépensé.

Il ne faut pas perdre de vue que ce produit augmente avec l'âge des mûriers.

Quant aux haies de mûriers, les frais en sont fort peu importants en raison du bas prix auquel se vendent les pourrettes : elles n'exigent que fort peu de main-d'œuvre et d'entretien.

Nous venons de résumer les principaux points relatifs à la culture et à la taille du mûrier, d'après les meilleurs auteurs. Nous engageons les personnes qui se proposent de former de grandes plantations, à visiter des travaux de ce genre, pour acquérir, sur les lieux, l'expérience qu'il est difficile de trouver dans les livres. Nous leur conseillons encore d'étudier les excellents traités sur cette matière, publiés par MM. Bonafous, de Turin Boyer et de Labaume, Charrel de Voreppe, et N. de Chavannes de la Giraudière.

TROISIÈME PARTIE.

DE LA PRODUCTION DE LA SOIE.

CHAPITRE PREMIER.

DU VER A SOIE.

---

§ 1. — CARACTÈRES GÉNÉRIQUES.

Les naturalistes donnent au papillon qui provient du ver à soie le nom de *Bombyx mori.* Cet insecte appartient à la famille des lépidoptères noctnrnes.

Le ver à soie est soumis, comme tous les insectes du même ordre, à plusieurs modifications importantes.

Le premier changement a lieu par le passage de l'état d'embryon ou d'œuf à celui de chenille, le second est le passage de l'état de chenille à celui de chrysalide dans le cocon que l'insecte a formé ; le troisième est la transformation de la chrysalide en papillon ou insecte parfait.

Aussitôt ces métamorphoses opérées, le papillon mâle s'accouple avec le papillon femelle; celui-ci, peu d'instants après, dépose ses œufs. De l'œuf fécondé sort une larve ou chenille, dont le corps, composé de douze anneaux, présente de chaque côté neuf petites ouvertures, que l'on nomme stigmates ou organes de la respiration. La peau, hérissée de petits poils noirs, à la naissance de l'insecte, devient rase et de plus en plus blanchâtre. Il a seize pattes : les six premières, écailleuses, sont fixées deux à deux sous les trois premiers anneaux, et les dix autres, attachées à la partie postérieure du corps, sont membraneuses, et se gonflent ou s'aplatissent au gré de son instinct. La tête garnie d'écailles, est armée de deux mâchoires en forme de scie, qui se meuvent horizontalement; sous les mâchoires se trouve placée la filière ou petit conduit par où se moule la soie expulsée des deux vaisseaux qui sécrètent cette matière.

On aperçoit derrière la tête des rides nombreuses; et l'on remarque, sur le dernier anneau, un tubercule charnu.

La chaleur propre du ver à soie est, comme celle des autres animaux à sang froid, à peu près égale à celle de la température de l'air au milieu duquel il respire.

Un caractère propre au ver à soie comme à toutes les chenilles, c'est de changer de peau plusieurs fois avant de passer à l'état de chrysalide; le ver à soie en change quatre fois, et ces renouvellements de peau s'appellent mues; une peau seule, chez un insecte qui en peu de temps augmente mille fois de poids et de volume, aurait difficilement pu se distendre au point de l'envelopper entièrement. Les rudiments de toutes ces peaux sont étendus sur le corps du ver à soie; et l'insecte, croissant plus que la peau, ne peut se dilater; la première peau tombe et est remplacée par la seconde, plus molle et de couleur plus pâle; celle-ci se détache de la même façon, fait place à la troisième, et ainsi de suite.

Lorsque l'époque de la mue approche, le ver à soie

mange peu : par l'effet de la diète et de ses pertes excrémenteuses, il s'amincit et se dépouille avec moins de peine; il émet des brins de soie qu'il fixe aux corps environnants, pour que sa peau soit retenue lorsqu'il cherchera à la quitter; cette opération faite, il demeure d'abord plus ou moins immobile et ensuite il agite vivement la tête. De cette manière, l'écaille qui recouvre le museau, poussée en avant par celle qui s'est formée dessous, est la première pièce qui se détache. Alors le ver à soie fait ses efforts pour s'avancer à travers les deux premières pattes, et, à force de mouvements vermiculaires, il se débarrasse de son fourreau. La chenille éprouve une crise salutaire : il suinte à la superficie de son corps une humeur qui s'interpose entre l'ancienne et la nouvelle peau pour en faciliter la séparation.

Pendant les deux premiers jours, le ver à soie tombe dans un état de langueur; il a peu d'appétit; mais ensuite il devient extrêmement avide; sa faim ne se ralentit et ne cesse que lorsqu'il va subir une nouvelle mue.

La dernière mue terminée, le ver à soie dévore une quantité prodigieuse de feuilles; lorsqu'il est parvenu à son plus haut degré d'accroissement, son appétit décline encore et l'abandonne tout à fait; il cherche à changer de place, à s'isoler, à se mettre en repos; il se vide de toutes ses matières impures, jusqu'à ce qui ne reste en lui que la substance animale.

Dès que la chenille est réduite à cet état, sa peau se contracte, et cette contraction l'aide à émettre la soie. Alors la formation de la chrysalide se prépare et s'accomplit lorsque toute la soie est épanchée, et que la dépouille ridée du ver se détache dans l'intérieur du cocon.

Le changement de la chrysalide en papillon ou insecte parfait, a lieu dans une espèce d'enveloppe renfermée dans le cocon; la chrysalide métamorphosée déchire cette enveloppe ainsi que le cocon et rejette les dépouilles dont elle était revêtue.

A peine sortis de leur cocon, les papillons reproduisent leur espèce, et meurent très-peu de temps après, sans avoir pris aucune nourriture.

Une qualité précieuse des vers à soie est l'instinct qui les porte à ne point abandonner l'endroit où on les a déposés; ils ne sont errants qu'au moment de leur naissance et, plus tard, lorsqu'ils sont pressés d'épancher leur soie, ou qu'ils sont malades.

La vie des vers se divise en sept époques.

La première commence à la naissance des vers et se termine avec leur première mue.

La seconde s'étend de la première à la seconde mue.

Les troisième et quatrième se comptent de la même manière.

Après la quatrième mue commence le cinquième âge ou l'âge adulte, dans lequel on distingue deux périodes; la première comprend le temps qui s'écoule depuis le dernier réveil des vers jusqu'à leur parfaite maturité; la seconde, depuis la maturité des vers jusqu'à ce qu'ils filent leur soie et passent à l'état de chrysalide ou de mort apparente.

La sixième époque est le temps pendant lequel l'insecte reste à l'état de chrysalide.

La septième et dernière comprend la vie entière du papillon.

Il existe une espèce de ver à soie à trois mues et dont, par conséquent, la vie ne compte que six époques.

Le temps que le ver à soie emploie dans nos climats à parcourir les différentes phases varie de soixante à soixante et dix jours. Ces phases durent plus ou moins longtemps suivant la fréquence des repas donnés à l'insecte et le degré de chaleur dans lequel il vit.

Les cinq périodes de la vie du ver à soie proprement dit, se nomment *âges*.

Le premier âge commence au moment où le ver sort de son œuf, et le cinquième âge commence après la quatrième mue.

Nous croyons ne pouvoir trop nous étendre sur l'admirable organisation du ver à soie, et pour faire comprendre le mécanisme de toutes les fonctions de cet intéressant insecte, nous allons en donner la description anatomique accompagnée de dessins faits d'après les modèles d'anatomie clastique de M. le docteur Ausoux (1).

Nous allons représenter, comme si elles étaient vues à travers un microscope, toutes les parties du ver à soie; sa tête, ses mandibules, sa filière, ses pattes, sa peau et ses organes intérieurs.

La figure suivante représente la partie antérieure de la chenille, le casque, le renflement et les pattes articulées.

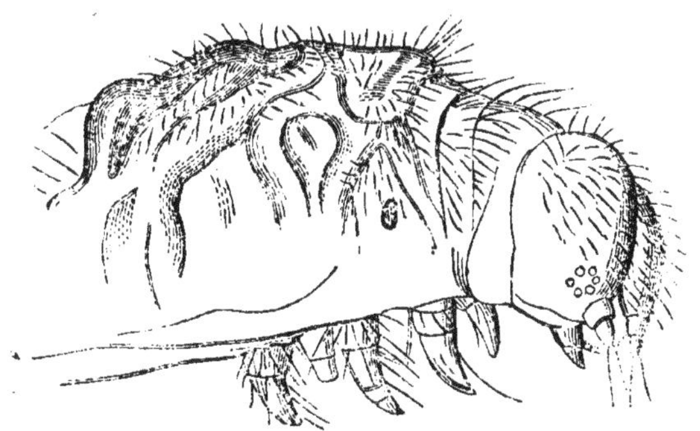

Fig. 5.

(1) Cette description est extraite de l'ouvrage de M. L. Leclerc : *Ecoliers et vers à soie.*

Le renflement très-prononcé, couvert de plis et de rides, que l'on voit à la partie antérieure de la larve n'est pas précisément la tête, car cette portion du corps est pleine de liquide et de graisse; la tête, c'est réellement la partie cornée que l'on distingue à l'œil nu sur l'animal et que voici dessinée de profil, un peu renversée et très-grossie.

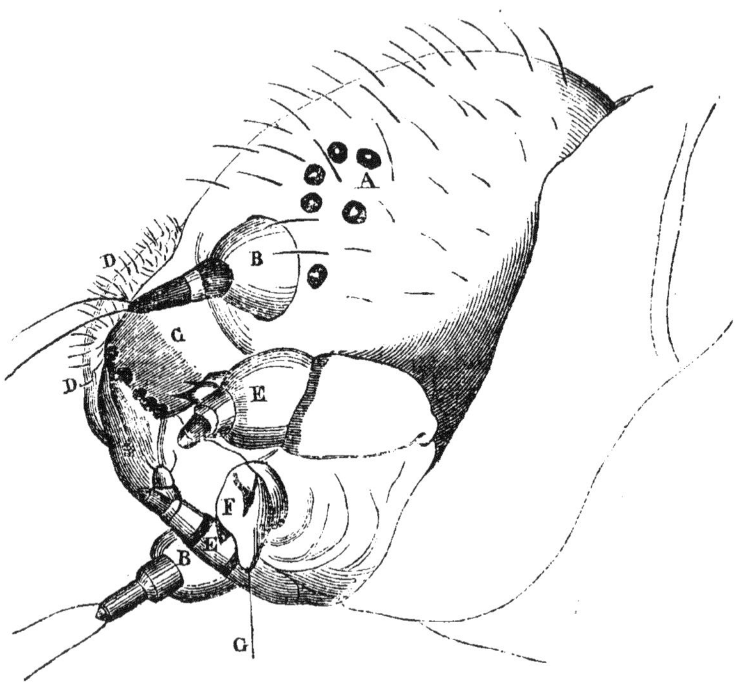

Fig. 6. (1).

Elle comprend deux appareils, celui à l'aide duquel l'animal déchire et mange la feuille, et l'organe d'où

(1) Fig. 6. Le casque. A, les six yeux. B, les antennes. C, les mandibules. D, lèvre supérieure ou labre. E, mâchoire. F, lèvre inférieure et appareil (trompe) d'où s'échappe la soie. — G. (*Etudes inédites de M. Guérin-Menneville.*)

s'échappe la soie. Voici les deux mandibules dentelées :

Fig. 7.

Elles ne sont point placées l'une sur l'autre, mais à côté l'une de l'autre; en sorte que leur mouvement est horizontal.

Elles sont mobiles toutes les deux. Dures, solides, elles sont douées d'une grande force, à laquelle contribue leur courbure; les dentelures s'insèrent et s'ajustent parfaitement lorsque la bête les rapproche : la feuille se trouve ainsi coupée et divisée en particules très-fines.

Les palpes sont de petits cylindres de forme et de consistance très variées; chez les animaux inférieurs, insectes, mollusques, etc., c'est l'organe spécial du toucher, peut-être du goût. Quelques naturalistes supposent que ces organes pourraient bien être aussi le siége de l'odorat, qui paraît très-fin chez nos bestioles, car elles sentent bien la bonne feuille.

Il y a encore, sur la fig. 6, des poils, barbes ou barbillons; il s'en trouve aussi sur le corps, et même sur le casque, où ils sont clair-semés. Un grand naturaliste a découvert que ces villosités ne sont point pour elle un vêtement, comme chez les quadrupèdes, mais l'organe d'un tact délicat.

Il y a un groupe de six petits points noirs placé de chaque côté du museau; sont-ce des yeux ? Ces yeux voient-ils ? Les naturalistes ne sont pas d'accord sur ce point.

Le corps se divise en douze anneaux, qui se distinguent l'un de l'autre par une sorte d'étranglement de la peau, se repliant sur elle-même, pour former une ligne circulaire plus solide, arrangement dont on verra l'importante destination. A l'arrière de la larve, dans la ligne supérieure, on remarque une excroissance en forme d'épine. La fonction de cet organe est absolument ignorée.

Ces points noirs placés latéralement sont les stigmates ou ouvertures par lesquelles la bête respire.

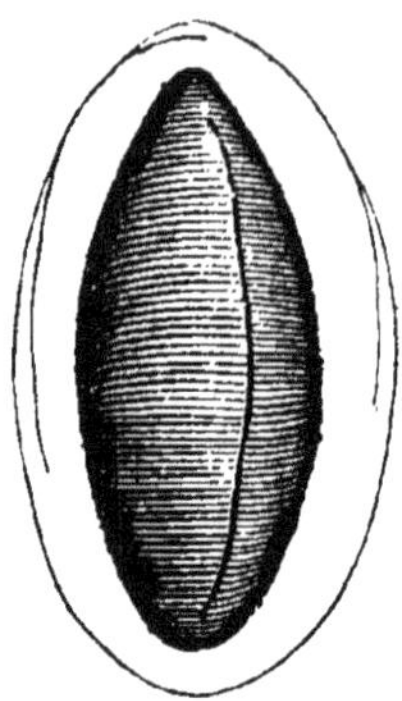

Fig. 8.

Elles pénètrent au travers de la peau et mettent en communication avec le liquide vital qui baigne les organes intérieurs.

Les pattes sont articulées et cornées; voici le dessin des six pattes antérieures.

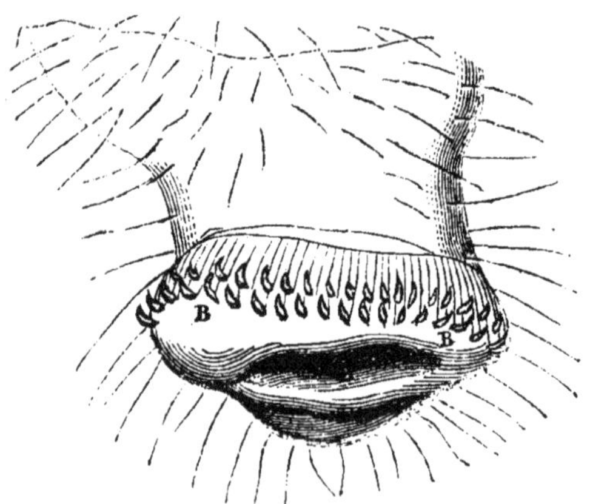

Fig. 9.

Ces pattes, pourvues d'un cro chet, servent à fixer l'insecte et à l'empêcher de tomber. Les six autres

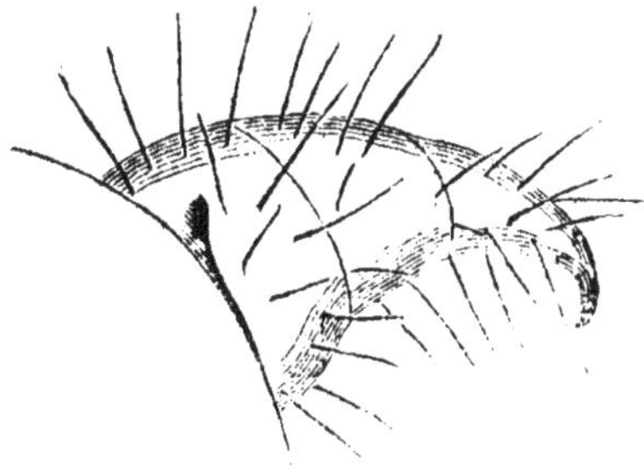

Fig. 10.

pattes postérieures, dites *fausses pattes*, sont membraneuses et flexibles; elles peuvent se raccourcir et s'allonger, se rétrécir et s'épanouir à leur base qui est entourée d'une demi-couronne de crochets imperceptibles; ils sont mobiles ou rétractiles comme les ergots d'un chat.

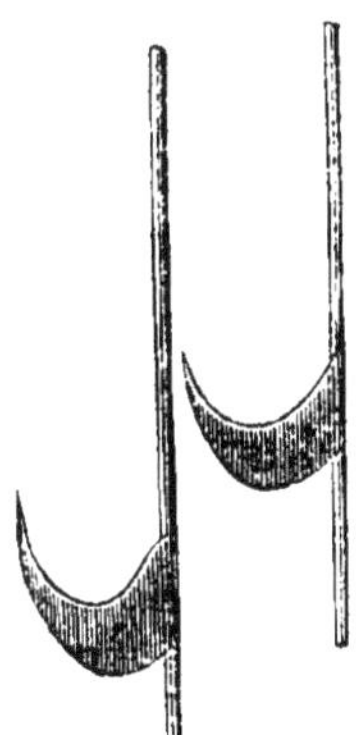

Fig. 11.

A moins que la larve cramponnée à quelque objet avec ses ergots ne les retire volontairement, on les brise plutôt que de la détacher; on la blesse donc, on la fait souffrir lorsqu'on la sépare violemment d'un corps auquel elle adhère. Si la larve fait un mouvement sur une feuille, elle rentre ses ergots pour les enfoncer immédiatement sur un autre point. De là le bruit singulier que produisent les vers à soie réunis en masse, bruit que quelques personnes attribuent à l'action des mandibules, et qui rappelle assez bien le bruissement d'une pluie d'été douce et continue, sur le feuillage. On a judicieusement conclu de cette singulière organisation, que les bois employés dans les claies, les rebords, les coconières, les montants, doivent rester avec le trait de scie, et ne se point polir au rabot. A la fin de l'éducation, lorsque beaucoup de larves courent çà et là, elles tombent si les surfaces sont polies; sur le bois brut, au contraire, elles se tiennent ferme.

La peau du ver à soie se compose de deux tuniques ou pellicules, l'une extérieure, l'autre intérieure liées ensemble par une substance membraneuse où semblent circuler des myriades de petits vaisseaux. Probablement la tunique extérieure tombe seule lors des mues; le museau, c'est-à-dire les mandibules, les mâchoires, les palpes, les écailles qui soutiennent et consolident ces appareils importants, tombent également; puis les pattes articulées et leurs crochets, les fausses pattes et leurs nombreux ergots, tout se dépouille, tout tombe et se renouvelle; tout se retrouve dans le débris que délaisse l'animal.

Le ver à soie n'a pas, comme d'autres animaux, un squelette ou charpente osseuse intérieure, sur laquelle puissent se fixer solidement les extrémités des muscles; cependant il a une peau assez épaisse, qui se replie sur elle-même à la jonction de chaque anneau et qui, conséquemment, devient un peu plus solide à cet endroit. C'est là que s'établissent en général les points d'attache; mais l'enveloppe extérieure, étant molle, ne permet aux larves que des mouvements doux d'une certaine lenteur. A la suite des dernières métamorphoses, lorsque l'insecte est parfait, son enveloppe devient plus dure et cornée. Les points d'attache des muscles sont assez fermes et solides alors, et le papillon peut se livrer à des mouvements plus vifs et plus rapides; il parcourt de plus longs espaces en moins de temps. Voici un

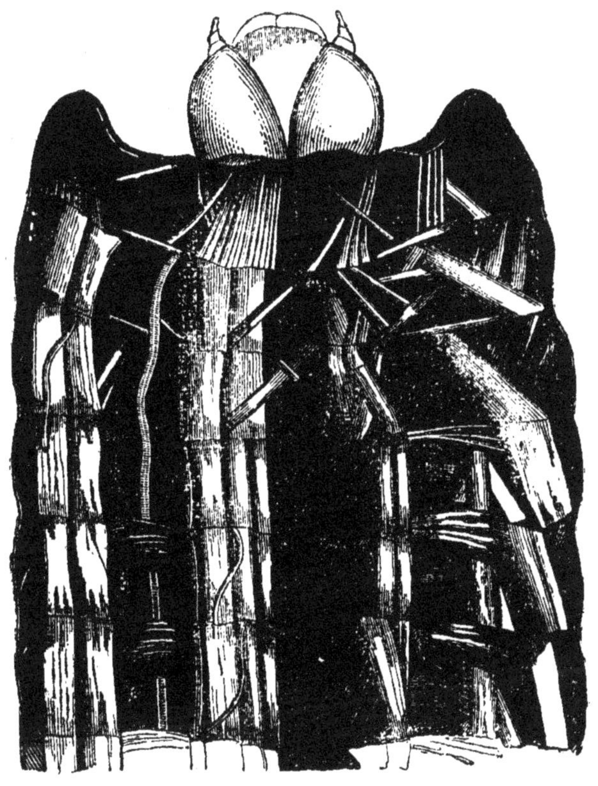

Fig. 12.

dessin représentant une larve ouverte par le dos ; on a enlevé les organes intérieurs pour mettre à nu les muscles de la moitié antérieure. Les muscles affectent diverses formes et sont placés dans toutes les directions.

On compte chez l'homme cinq cent vingt-neuf muscles, il y en a quatre mille bien distincts dans le ver à soie; pour la tête seulement, pour le mouvement des mandibules, des palpes, de la trompe, on en a trouvé deux cent vingt-huit.

Au moyen des organes que la nature lui a donnés pour pourvoir à son existence, la chenille saisit la feuille de mûrier qui contient dans un certain état de combinaison organique tous les éléments nécessaires au développement de la bête; elle ronge cette feuille, et commence à la désorganiser. La feuille, en cet état, passe dans l'intestin où elle se décompose : c'est la digestion. Les éléments inutiles à l'animal sont rejetés; les éléments utiles se rapprochent, se groupent, et sont portés par la puissance vitale partout où ils trouveront la place qui les attend, soit pour réparer ce que l'action même de la vie altère, soit pour accroître le volume de divers organes, soit pour grossir les accumulations de graisse, ou emplir peu à peu les réservoirs de la soie. Ce qui constituait la feuille va donc constituer la larve, ce qui demontre qu'il y a dans la feuille, des liquides, des sels, de la graisse, de la soie, ou de la matière première pour former tout cela.

Le ver à soie mange énormément. Le canal intestinal est court, et suit une ligne droite, de la bouche à l'autre extrémité du corps, tube qui offre une multitude de divisions à l'intérieur, étroit d'abord, élargissant ensuite son diamètre, en sorte que l'œuvre de la digestion s'y accomplit avec une grande rapidité. Cet intestin offre une étude extrêmement curieuse par sa construction, ses étranglements, ses plis, qui tous ont leur destination spéciale dans les transformations que subit la feuille broyée, en les parcourant. Il se compose de fibres tantôt circulaires, tantôt allongées, tantôt croisées d'une façon en apparence bizarre, à la surface. La fig. 13 en donne une idée. On peut remarquer une multitude de petits canaux qui s'enlacent et se contournent sur l'intestin principal et de chaque côté, chargés, les uns d'apporter dans l'intestin les liquides indispensables à l'accomplissement définitif de la digestion, les autres, de puiser dans l'intestin même et de conduire les résultats utiles de cette digestion, partout où cela est nécessaire, aux réservoirs de la soie particulièrement.

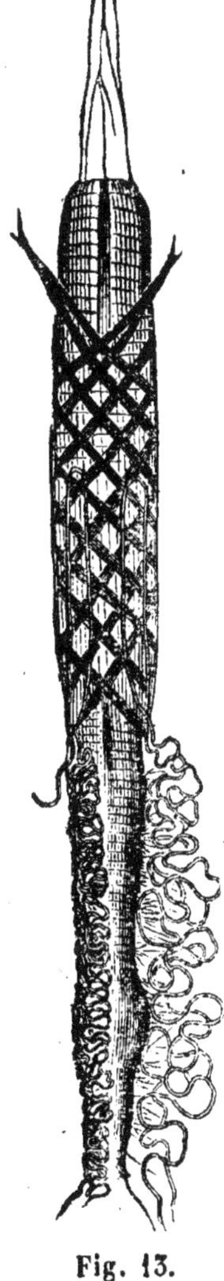
Fig. 13.

Au point de vue pratique, ce qui doit le plus nous intéresser dans l'anatomie du ver à soie, c'est la manière dont il respire et dont il s'assimile l'air.

Dans les animaux supérieurs, c'est le sang qui va chercher l'air dans les poumons, et vient prendre dans cet air l'oxygène dont il a besoin pour se régénérer. Dans les insectes, et particulièrement dans le ver à soie, c'est l'air qui vient chercher le liquide, qui est l'analogue du sang en pénétrant dans toutes les parties du corps de l'insecte et en se mettant en contact avec les molécules qui s'y trouvent. Le ver à soie, de chaque côté du corps, a neuf ouvertures ou stigmates par lesquels l'air entre continuellement, et cette action de l'air est tellement indispensable, que, si l'on bouche les stigmates, l'insecte périt bientôt. Dès lors, il est facile de comprendre que plus l'air sera pur et salubre, et plus le ver à soie aura de vie, de force et de santé : de là, resulte la nécessité de ventiler les magnaneries et de les débarrasser de tous les miasmes et exhalaisons qui peuvent corrompre la salubrité de l'air.

De chaque côté de l'appareil digestif, un peu au-dessous, dans la région moyenne, on trouve deux tubes renflés au centre et repliés sur eux-mêmes, pour pouvoir se loger commodément en un si petit espace. Développés entièrement, ils ont six fois environ toute la longueur de la bête.

C'est dans ce tube que la nature prépare la matière soyeuse. Il est plié en trois parties, dont une

Fig. 14.

centrale plus grosse, et les deux autres très-grêles, qui se prolongent ou vers la tête, ou vers l'extrémité inférieure de l'intestin. Cette dernière division, fort longue, est repliée irrégulièrement, et c'est par là, on le suppose, que la soie liquide arrive au gros réservoir plus central, où la liqueur s'épaissit et prend une consistance gélatineuse. Dès que la larve veut filer, elle pousse cette matière dans la partie antérieure du tube, où la soie se moule et se solidifie déjà.

Les deux tubes antérieurs se réunissent et se confondent du côté de la tête. Là les deux fils, qui sont d'une extrême finesse, se joignent, se collent l'un à l'autre pour n'en plus faire qu'un seul, en sorte que tout brin de soie filé par l'animal est double. Il y a là deux vaisseaux assez volumineux, ou deux glandes allongées: on suppose que ces glandes contiennent un liquide gommeux, et qu'elles le versent aux deux fils unis, pour les consolider et les enduire. C'est une simple conjecture, mais il est certain que la soie filée par la larve est entourée d'une substance agglutinante : grâce à cette espèce de gomme qui peut ensuite se ramollir dans de l'eau chaude, les ouvrières, tout en déroulant le peloton, collent trois, quatre, cinq, dix, vingt, trente, jusqu'à quarante fils de soie pour n'en former qu'un seul très-fort, alors très-résistant, que l'on lisse pour faire des étoffes.

Mais revenons à la filière, où les deux brins s'unissent en un seul, bien englué de gomme fraîche, pour que la larve l'attache facilement à la sortie.

Le fil double s'engage dans un appareil membraneux et corné, sorte de trompe ou de bec mobile, à l'aide duquel la larve pose exactement et fixe ce fil sur un point donné. Lorsqu'elle a construit son échafaudage à l'aide des filaments d'une bourre grossière, la larve fabrique un cocon ovoïde ou elliptique. Elle ne dispose pas son fil d'une façon régulière en lignes droites et parallèles, en long ou en large, le tissu serait lâche et perméable; car, tendant chaque trait de fil sur une surface concave, ce fil formerait la corde d'un arc : elle procède par zigzags dans un certain sens, puis dans un autre, et son œuvre offre, dans l'épaisseur, comme un feutre bien plein. On y remarque quelquefois une imperfection accidentelle; ce sont diverses épaisseurs d'étoffe, ou couches de tissu mal jointes et peu adhérentes. Il paraît que cela provient d'abaissements subits de température dont la pauvre ouvrière a dû souffrir, et qui lui ont fait comme suspendre son travail. On en conclut que pendant toute la durée du coconage, le magnagnier intelligent doit veiller avec sollicitude à ce que la température de l'atelier soit maintenue bien également à la même hauteur que celle de l'éducation.

Un professeur a fait les calculs suivants, qui sont au moins fort curieux. Lorsque le ver à soie fabrique son cocon, il fait un mouvement d'une étendue de 5 millimètres par seconde. La longueur du fil qui compose le cocon étant en moyenne de 1,000 mètres, le ver est donc obligé de faire 300,000 mouvements de tête pour accomplir son œuvre (1). S'il y emploie 72 heures, c'est 100,000 mouvements par 24 heures,

(1) « La longueur totale du fil provenant d'un cocon est très-variable; elle diffère peut-être de moitié en plus ou en moins. Je m'en suis assuré en faisant tirer la soie d'un certain nombre de cocons très-bien conformés en apparence. Voici ces mesures :

1er	cocon	. . . . . .	1,687 pieds.
2e	»	. . . . . .	1,897
3e	»	. . . . . .	2,336
4e	»	. . . . . .	2,340
5e	»	. . . . . .	2,411
6e	»	. . . . . .	2,671
7e	»	. . . . . .	2,860
8e	»	. . . . . .	9,945
9e	»	. . . . . .	3,043
10e	»	. . . . . .	3,245
			25,435 pieds.

Moyenne 2,543 pieds. Mais cette longueur n'est point exacte, puisqu'elle ne comprend que la partie du fil qui peut être dévidée. La bourre n'y est pas comprise, non plus que les fils des dernières couches intérieures, plus faibles, fortement agglutinés les uns aux autres. Le cocon d'où l'on a tiré la bonne soie est devenu trop mince et trop mouillé pour qu'on puisse toujours dévider ce qui en reste. Cependant cette dernière partie et la bourre sont formées d'un fil non interrompu, et doivent être comptées, si on veut estimer la longueur totale. Je ne crois pas porter les choses trop haut, en évaluant au quart de la longueur mesurable, celle qui ne l'est pas; la moyenne serait donc 3,178, ou, en compte rond, 3,000 pieds. » (Loiseleur-Deslongchamps. »

4,166 par heure, 69 par minute, un peu plus de 1 par seconde.

§ 2. — DES RACES DE VERS A SOIE.

Il y a deux races principales de vers à soie : l'une est celle qui donne des cocons blancs lesquels produisent la soie blanche; l'autre qui donne des cocons jaunes, d'où vient la soie jaune.

Pendant la vie de la chenille, on ne peut distinguer les vers à soie de race blanche de ceux de race jaune que par la couleur des pattes dans les derniers âges.

Les vers à soie jaunes ont les pattes jaunes, et les blancs, les pattes blanches. Les meilleures espèces de races blanches sont la race sina et la race blanche d'Annonay; cette dernière a le plus de réputation, comme produisant la soie du plus beau blanc.

Il y a beaucoup de races de vers à soie, parmi lesquelles il faut préférer les plus anciennes, celles que l'on peut considérer comme les races primitives : par exemple la race blanche sina, et dans les races jaunes, la race milanaise, la grosse race de l'Ardèche et les petits espagnols. Ces races possèdent une vitalité de forme et de caractère qui résiste à toutes les épreuves et qui se retrouve toujours.

La race milanaise surtout possède cette vitalité au plus haut degré; aussi, dans l'état actuel de l'industrie, est-ce de toutes les races jaunes celle à laquelle nous n'hésitons pas à donner la préférence.

Il est douteux qu'il soit plus avantageux de produire de la soie blanche ou de la soie jaune.

La soie blanche se vend un peu plus cher que la soie jaune, mais aussi elle demande beaucoup plus de soin pour la filature; d'un autre côté, les cocons de races blanches produisent, en général, beaucoup moins, et les vers sont bien plus délicats que les vers de race jaune. La belle soie blanche est indispensable pour les blondes, pour les satins blancs, pour les bas de soie blancs, et on ne pourrait employer à ces diverses fabrications de la soie jaune blanchie, dont le blanc ne serait jamais satisfaisant et qui, au bout de quelque temps, se couvrirait de petites taches, se piquerait, pour employer l'expression consacrée; mais ce n'est là qu'un emploi très-limité et en quelque sorte exceptionnel : la masse de la fabrication s'opère avec de la soie jaune blanchie. Or cette soie jaune se file plus facilement, les cocons jaunes produisent plus de soie et les vers jaunes sont plus vigoureux et plus robustes : nous croyons donc devoir engager les éducateurs à s'attacher surtout à cette race.

L'on remarque souvent dans les éducations un certain nombre de vers dont la couleur est presque noire. On les appelle *negroni* ou *moricauds*. Ils paraissent constituer une variété spéciale, car si on les élève séparément et si on les reproduit entre eux, on finit par n'obtenir que des negroni. La soie de cette variété passe pour médiocre et le rendement en est faible. Il existe aussi une race de vers à soie à trois mues et qui n'ont par conséquent que quatre âges. La durée de leur vie est de quatre jours moins longue que celle des vers à quatre mues; s'ils consomment un peu moins de feuilles, leur cocon est plus petit et le rendement en est moindre.

CHAPITRE II.

DE L'ÉDUCATION DES VERS A SOIE.

§ 1. — CONDITIONS GÉNÉRALES D'UNE BONNE ÉDUCATION.

Il semble, au premier abord, qu'il n'y ait rien de plus facile que faire éclore et élever quelques vers à soie, de leur faire parcourir les différentes phases de leur existence et d'en obtenir des cocons. En effet, c'est ce que l'on voit faire chaque année, même par des enfants, et c'est ce que fera avec plus ou moins de succès toute personne qui voudra essayer cette opération. Le ver à soie élevé isolément ou à peu près, est doué d'une grande force de vitalité; il peut résister à une foule d'épreuves; mais autant il est robuste lorsqu'il est isolé, autant il est délicat et exposé aux maladies et aux accidents de toutesorte, lorsqu'on l'élève au milieu d'un grand nombre d'individus de son espèce.

On ne doit jamais perdre de vue que, lorsqu'on voudra élever des vers à soie dans un but industriel, c'est-à-dire lorsque l'on cherchera à profiter des locaux dont on dispose de manière à en tirer le plus grand parti possible, et qu'à cet effet on y accumulera une grande quantité de vers, il faudra user des plus grandes précautions.

C'est un métier très-difficile que de bien traiter le

ver à soie pour en obtenir de bons cocons à un prix de revient avantageux.

Aussi insisterons-nous d'une manière particulière sur des détails futiles en apparence, mais que l'on ne peut négliger, si l'on ne veut éprouver des échecs presque certains.

Les vers à soie demandent des soins minutieux à tous les moments de leur existence; mais ces soins sont surtout nécessaires dans le premier âge. Trop souvent les éducateurs négligent les jeunes larves, et ils sont étonnés ensuite du mauvais résultat qu'ils obtiennent.

Rien n'est indifférent lorsque l'on fait une éducation de vers à soie : la disposition de la magnanerie, la température, l'humidité, la lumière, l'aération du local, la nourriture et la manière de la distribuer, les délitements, l'égalité des vers, la propreté de l'atelier, sont tous points qui doivent faire l'objet de l'attention la plus scrupuleuse des éducateurs. Il y a ensuite le choix de la graine, l'incubation, la levée des vers, les soins à donner pendant les différents âges, les maladies, la montée des vers, l'étouffement des cocons, etc., qui constituent les travaux de l'éducation proprement dite. Nous allons nous occuper successivement de tous ces différents points qui se lient et s'enchaînent et dont une partie ne peut être négligée sans amener des désordres et compromettre le succès d'une récolte.

§ 2. — DE LA MAGNANERIE OU DU LOCAL DESTINÉ AUX VERS A SOIE.

MODE DE CONSTRUCTION.

Que les éducations soient de peu d'importance ou qu'elles soient considérables, les mêmes principes doivent toujours présider à l'arrangement de la magnanerie (1) c'est-à-dire qu'il faut se réserver les moyens de chauffer l'atelier quand cela est nécessaire, quelquefois de le refroidir, et toujours de renouveler l'air.

Seulement ces résultats seront plus facilement atteints quand il ne s'agira que de petites éducations, et surtout quand les vers seront loin de remplir la capacité disponible de la pièce où l'on se propose de les élever; dans ce dernier cas, la masse d'air, étant très-considérable par rapport aux vers, ne peut être que difficilement viciée; il suffit même souvent des portes et des fenêtres pour le renouveler, et dans ce cas tout moyen de chauffage peut être employé sans inconvénient.

Quand les éducations, au contraire, ont une certaine importance, et lorsque l'on veut élever dans un local quelconque la plus grande masse de vers possible, afin d'économiser les frais d'emplacement qui, autrement, seraient hors de toute proportion avec le produit, il devient indispensable de recourir à des moyens plus puissants, sous peine, dans certains moments de touffe et de chaleur, de voir périr toute la chambrée. Les vers à soie, comme tous les animaux,

(1) On fait dériver ce mot du verbe provençal *magni*, manger avec avidité, ou bien encore de *maisnada*, famille, ou *mainagium*, chose de ménage. On dit indifféremment magnanière ou magnanerie.

ont besoin d'air pur, et plus on les presse et on les accumule, plus ce besoin se fait sentir vivement. En France l'on a imaginé toute sorte de procédés pour faciliter la ventilation dans les magnaneries et éviter les maladies et les pertes qui résultent d'une température un peu élevée. Le plus important de ces procédés est celui de d'Arcet dont le système est devenu très-populaire dans le midi de la France.

En Belgique, où l'on est beaucoup moins exposé qu'en France à un excès de température, les moyens ordinaires d'aérage suffisent généralement.

D'un autre côté, comme nous n'écrivons que pour les petits éducateurs, nous croyons inutile de parler des procédés que l'on n'emploie que dans les plus grands établissements. Les personnes qui voudront se rendre compte des différents moyens puissants d'aérage, en trouveront la description dans les excellents traités de MM. de Boullenois, Bonafous, Robinet, Charrel, etc., etc. L'emplacement le plus convenable au logement des vers à soie, est celui où trop d'humidité ne s'accumule pas, et où le froid et la chaleur ne sont point assez forts pour les exposer à des variations subites de température; il faut qu'on puisse entretenir dans leur demeure une circulation d'air tout à la fois douce et constante, sans être obligé, pour éviter la stagnation des matières vaporeuses, d'ouvrir les portes et les fenêtres, lorsqu'il fait du vent ou que l'air extérieur est trop froid. Ce local devra être convenablement éclairé par des fenêtres et garni d'un ou de plusieurs poêles, de cheminées et de soupiraux en nombre proportionné à sa grandeur.

Nous donnons ci-après (fig. 15 à 18), les dessins de la description d'une petite magnanerie construite sur le plan d'un des ateliers de l'établissement de Forest.

Cette magnanerie contient une superficie de claies de 285 mètres et peut servir à la nourriture des vers provenant de 350 grammes environ de graine qui consommeront 5,000 kil. de feuilles, et produiront 250 à 300 kil. de cocons.

La fig. 15 représente la section horizontale ou la coupe de l'atelier, vue en plan (1).

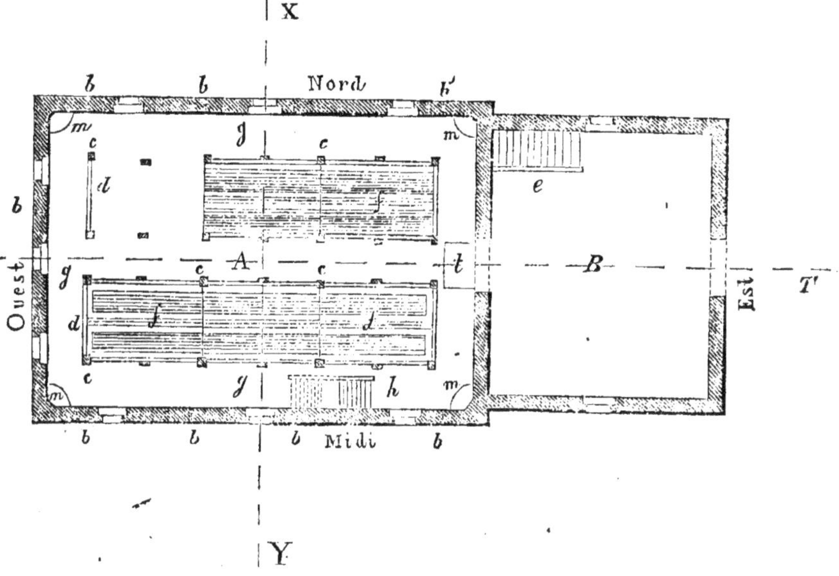

Fig. 15.

(1) Les fig. 15, 16, 17 et 19, sont dessinées sur l'échelle d'un demi centimètre par mètre.

La fig. 16 est la coupe verticale sur la ligne T U du plan.

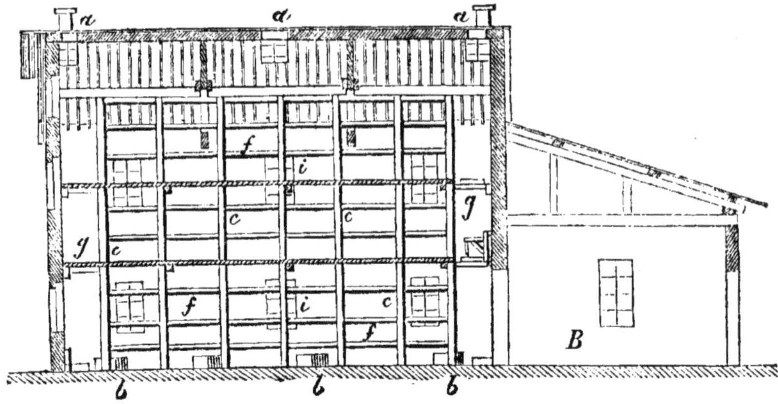

Fig. 16.

La fig. 17 représente la coupe verticale sur la ligne X Y du plan.

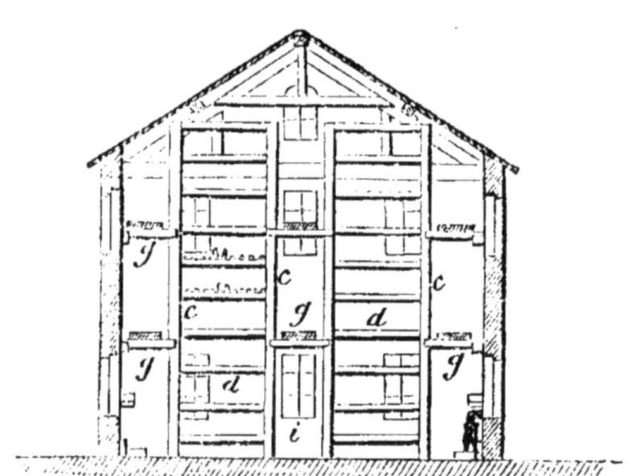

Fig. 17.

Et la fig. 18, l'élévation du bâtiment du côté de l'ouest.

Fig. 18.

Cette magnanerie est un bâtiment carré, long, établi dans la direction de l'est à l'ouest, exposition la plus favorable; elle se compose d'un bâtiment ou atelier.

A. Fig. 15. On y a annexé un appentis B qui renferme l'escalier d'une cave établie sous l'atelier.

Cet appentis sert d'abri aux ouvriers pour y faire les travaux préparatoires. Il peut aussi servir de chambre à éclosion et d'atelier pour y élever les vers pendant les premiers âges.

Au-dessous de l'atelier A se trouve la cave destinée à recevoir les feuilles préparées pour les repas des vers.

aa. Fenêtres à bascule ménagées dans la toiture du bâtiment.

bbb. Fig. 15 et 16. Soupiraux placés au nord, à l'ouest et au midi. Ils sont munis de trappes glissantes que l'on met en mouvement de l'intérieur de l'atelier lorsque l'on veut modifier la température.

Ces soupiraux doivent être munis de grillages à l'extérieur.

ccc. Fig. 15, 16 et 17. Poteaux ou montants fixés d'un bout dans le sol, et de l'autre contre les poutres qui supportent la toiture.

ddd. Fig. 15 et 17. Traverses passant dans des entailles ou mortaises pratiquées dans les montants C.

fff. Fig. 15 et 16. Claies posées sur les traverses dd et servant à recevoir les vers et les feuilles garnies d'un fort papier.

ggg. Fig. 15, 16 et 17. Deux galeries régnant tout autour et au centre de l'atelier; elles sont formées de planches fixées sur des supports scellés d'un côté dans la maçonnerie, et de l'autre attachées aux poteaux CC. Ces galeries sont nécessaires au service des claies de la partie supérieure de l'atelier.

h. Fig. 15. Escaliers ou échelles de meunier pour monter aux deux galeries g.

iii. Fig. 15, 16, 17 et 18. Fenêtres servant à éclairer la magnanerie et, au besoin, à ventiler largement.

mm. Fig. 15. Cheminées servant à renouveler l'air et destinées à recevoir des poêles pour échauffer la température.

t. Fig. 15. Trappe pour donner passage aux feuilles que l'on monte dans des paniers, directement de la cave à chaque étage, au moyen d'une poulie fixée à la partie supérieure du bâtiment. Au moyen de cette trappe, on peut aussi aider à rafraîchir, au besoin, l'air de l'atelier.

Les dimensions indiquées dans les fig. 15 à 18 peuvent être augmentées ou diminuées selon le rapport et le nombre de mûriers dont on récolte la feuille et l'importance des éducations que l'on veut faire.

L'expérience seule peut faire connaître à l'éducateur la quantité exacte de feuilles que peuvent produire ses mûriers : encore ce produit varie-t-il considérablement d'une année à l'autre. Nous ne rapporterons donc pas tous les calculs qui ont été faits pour indiquer le poids probable de la récolte des mûriers parvenus à un certain âge.

Il suffit que l'on sache que sur 50 mètres carrés de claie, on peut placer environ 50,000 à 60,000 vers arrivés au 5e âge, au moment de la montée, et que ces vers mangeront mille kilogrammes de feuilles.

Ces 50 mètres carrés, à raison de la distance qu'on doit laisser entre chaque table et des passages qu'il faut ménager pour le service, nécessitent un local de 80 mètres cubes au moins.

Une magnanière devra donc avoir autant de fois 80 mètres cubes que l'on aura de milliers de kilogrammes de feuilles à consommer et que l'on voudra récolter de fois 50,000 cocons.

DES CLAIES.

Les vers sont élevés sur des claies représentées aux fig. 15 à 18. Ces claies sont construites en lattes de bois de sapin non rabotées, et garnies tout autour, d'un rebord pour empêcher les vers de tomber. Les claies ne doivent pas être trop larges; il faut que deux personnes, une de chaque côté, puissent en faire facilement le service. La largeur que l'on peut adopter est de 1 mètre 40 cent. à 1 mètre 60 cent. au plus.

La figure 19 représente le plan et la coupe transversale d'une demi-claie destinée à l'échelle de 5 millimètres par mètre : elle est large de 80 centimètres; les lattes qui la composent sont distantes entre elles de 2 à 3 centimètres.

Les claies se superposent dans la hauteur de l'atelier, et on en forme plus ou moins de rangs, suivant la largeur de cet atelier. Il faut tirer le meilleur parti possible du local, mais cependant sans trop accumuler les vers. La distance qui paraît la plus

Plan (1).

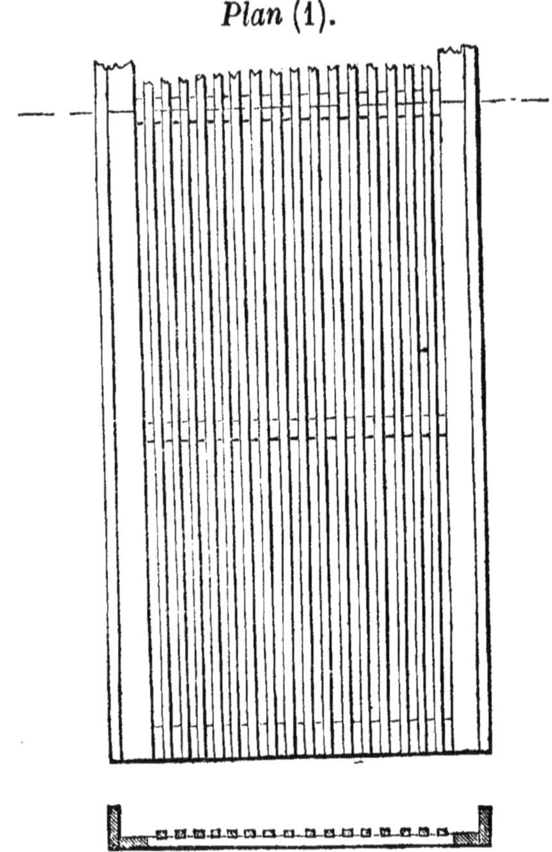

Coupe transversale.

Fig. 19. — Modèle de claie.

convenable entre les claies superposées, est de 50 centimètres. La première claie, par le bas, doit être à 60 ou 70 centimètres du sol. Quant aux rangs de claies,

(1) Ce plan est calculé sur une échelle d'un demi centimètre par mètre.

on doit éviter de les placer contre les murs, et il faut que l'on puisse tourner tout autour; on fait les passages aussi étroits que possible, mais il est bon d'en ménager un plus large qui coupe l'atelier au milieu; ce point est très-important pour la distribution des feuilles et la circulation des gens de service.

Pour atteindre les claies supérieures, on emploie des échelles ou des faux planchers à claire-voie qui coupent la magnanerie dans sa hauteur, en deux et quelquefois en trois parties.

Toutes ces dispositions sont indiquées dans les plans que nous avons décrits plus haut.

Depuis quelques années, l'on emploie en France un nouveau mode de claies qui paraît remplacer avec beaucoup d'avantage les procédés connus jusqu'ici. Ces tablettes ou claies sont légères, faciles à manier, saines, aérées et peuvent servir, par-dessus, à supporter les vers pendant l'éducation, et par dessous, au coconage, au moment de la montée. On supprime donc pour ce dernier travail, les boisements employés pour l'encocanage, tels que les bruyères, les genêts, les pailles de colza, etc.

Ce genre de claies porte le nom de claies-coconières Davril; elles sont trop répandues aujourd'hui pour que nous n'en donnions pas une description exacte (1).

Une claie Davril est composée de lattes de bois de sapin : c'est un assemblage de petites tringles de bois que l'on cloue sur champ sur trois petites tringles carrées, de manière à former deux grilles superposées. Chaque barreau d'une grille doit répondre à un vide, dans l'autre grille et c'est dans les espèces de rainures triangulaires qui en résultent que le co-

(1) De Boullenois, *Conseils aux nouveaux éducateurs*, p. 74.

conage doit se faire. Pour la montée, on se sert de petites échelles faites absolument comme les claies, de sorte que les vers les moins vigoureux et qui ne peuvent s'élever trop haut, font aussi leurs cocons dans ces échelles.

La grandeur des claies Davril, comme celle de toutes les autres claies, peut varier suivant les convenances de chacun; mais ce qui doit être observé scrupuleusement, ce qui constitue véritablement le système, c'est l'épaisseur des tringles qui composent les claies et les échelles, comme l'écartement de ces tringles.

Les tringles plates doivent avoir exactement 15 millimètres de large sur 6 millimètres d'épaisseur; les tringles carrées, 16 millimètres sur les quatre faces, et le tout doit être cloué de manière à ce que les rainures triangulaires, formées par la superposition des deux grilles composant la claie, offrent 3 centimètres de large sur 3 de profondeur.

Cette dimension des rainures est de la plus haute importance, une longue suite d'études et d'expériences ayant démontré à l'auteur que c'était l'espace le plus favorable pour faire filer les vers.

Quant aux rebords des claies, il n'est point nécessaire d'observer une dimension déterminée; mais celle de 10 centimètres de large sur 8 millimètres d'épaisseur, indiquée par M. Davril, paraît être la plus convenable.

Nous donnons plus loin les dessins et les descriptions d'une claie coconière Davril (1).

(1) L'établissement séricicole de Forest a fait revenir de Paris un modèle de claie-coconière Davril. Ce modèle est à la disposition des personnes qui désirent l'examiner. On pourra même en faire faire de semblables pour celles qui le demanderont.

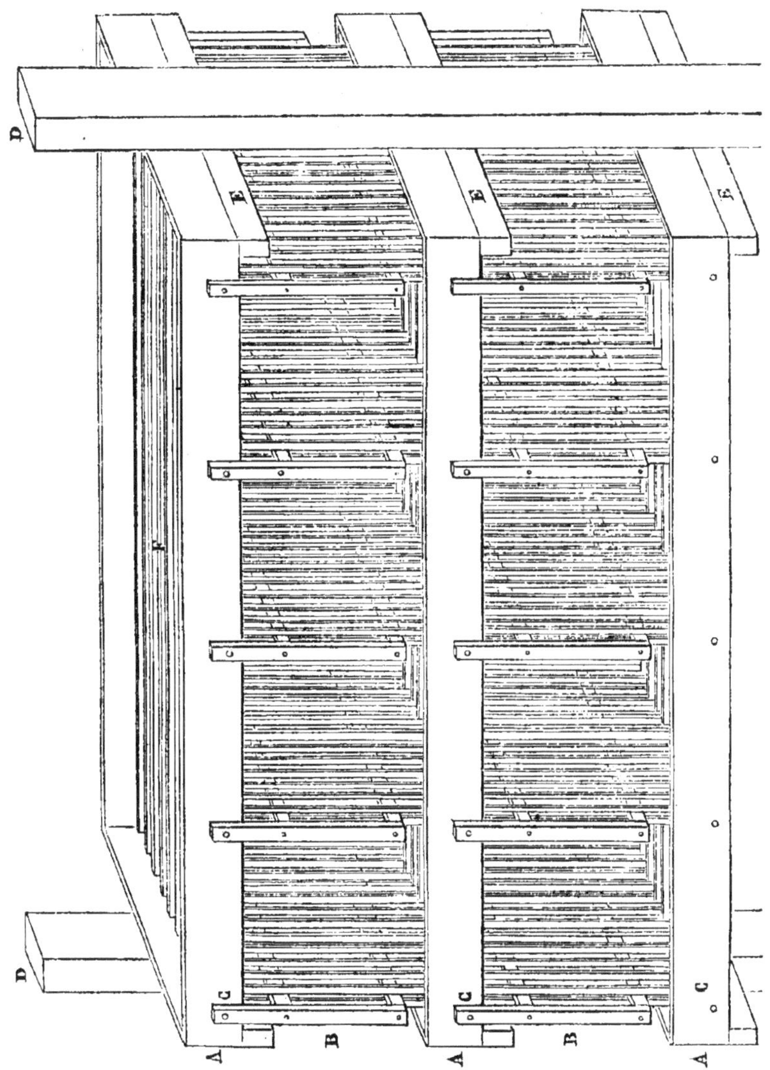

Fig. 20. — Ensemble de l'appareil.

A. Claies coconières avec leurs cadres (1).

(1) Les fig. 20 à 29 sont tracées d'après l'échelle ci-après :

0 1 2 3 4 5 6 7 8 9 10 décim.

B. Echelles pour la montée des vers.
C. Clous d'épingles pour tenir les échelles.
D. Montants pour placer les supports.
E. Supports.
F. Dessus de la claie coconière où l'on met les vers sur un papier; les vers de la claie inférieure viennent ensuite coconer en dessous par le moyen des échelles.

Fig. 21.

Cadre séparé de la claie.

Fig. 22.

Côté de cadre vu de face.
C. Trous percés pour mettre les clous d'épingles destinés à tenir les échelles.

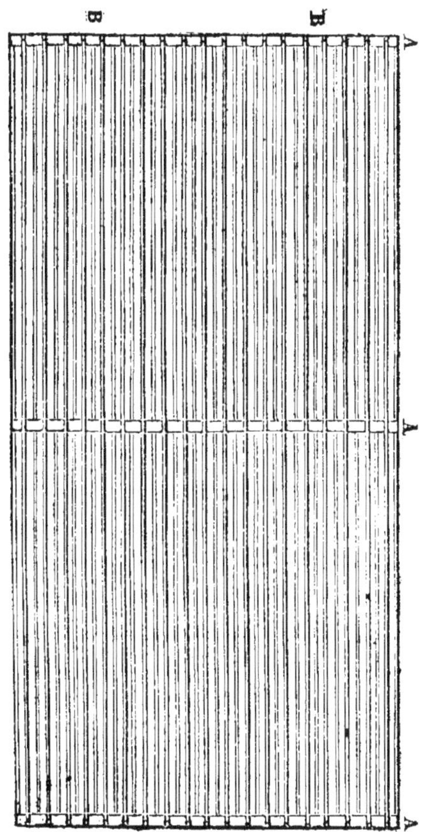

Fig. 23.

Claie-coconière sans son cadre.
A. Tasseaux de 15 millimètres carrés pour soutenir les tringles.

B. Tringles de 6 millimètres d'épaisseur et de 15 millimètres de largeur, clouées de champ sur les tasseaux, à 27 millimètres de distance entre elles, de manière qu'alternativement il y ait une tringle au-dessus des tasseaux et une en dessous, formant ainsi deux rangs distincts, séparés dans le milieu par les tasseaux, et présentant des triangles qui ont 3 centimètres de large à la base et 3 centimètres de hauteur de la base au sommet.

Fig. 24.

Tasseau séparé de 15 millimètres carrés pour supporter les tringles.

Fig. 25.

Tringle séparée de 6 millimètres d'épaisseur sur 15 millimètres de largeur.

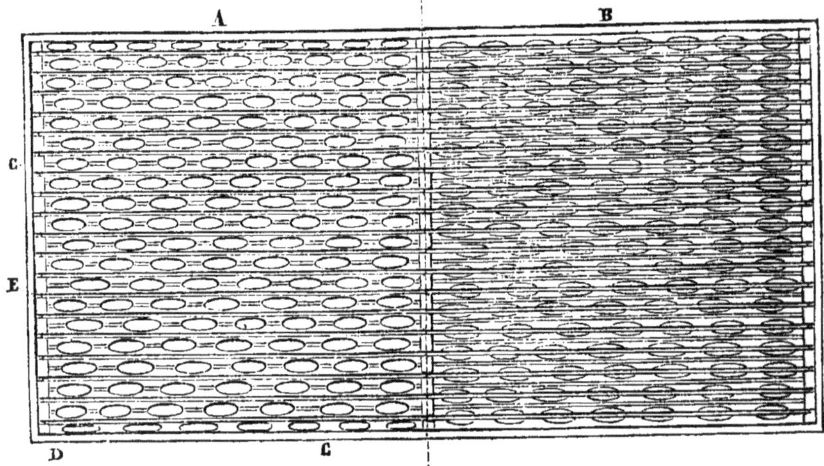

Fig. 26.

Plan d'une claie garnie de cocons avec son cadre.

Les cocons se trouvent, comme les tringles, sur deux couches séparées entre elles par les tasseaux, le dessin ne pouvant représenter sans confusion les deux couches superposées.

A. Cocons de la couche de dessus.
B. Cocons de la couche de dessus.
C. Cadre.
D. Tasseaux.
E. Tringles.

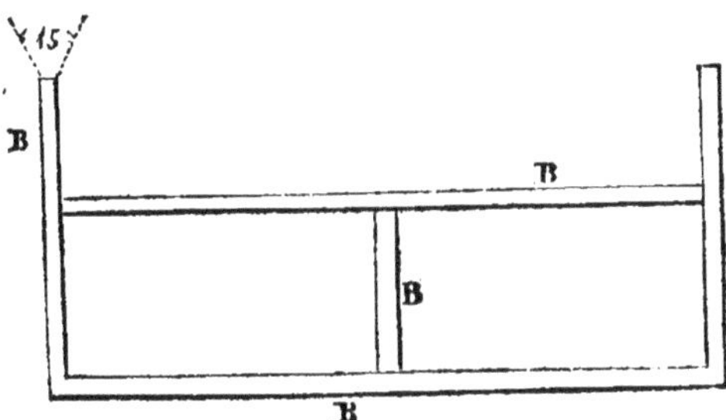

Fig. 27.

Corps d'échelles pour faire monter les vers.
B. Tasseaux de 15 millimètres carrés pour supporter les tringles.

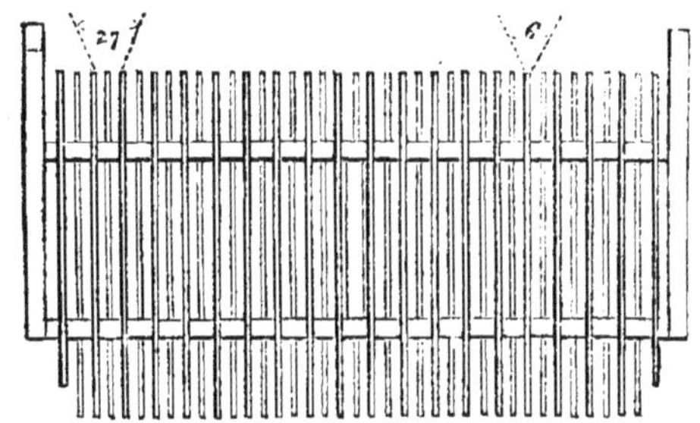

Fig. 28.

Échelle garnie de ses tringles.
Ces tringles doivent avoir les mêmes dimensions que pour les claies, être placées à la même distance et disposées absolument de même.

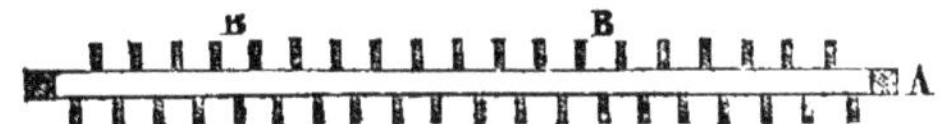

Fig. 29.

Coupe d'échelle sur la largeur.
A. Tasseaux.
B- Bouts des tringles.

Le prix des claies Davril varie suivant les localités; à Paris (1) on vend une claie, ayant 1 mètre 33 sur 66 centimètres, à raison de fr. 2-75 cent., et l'échelle

(1) Chez M. Clair, rue du Cherche-Midi, 3.

mesurant : 1 mètre 33 sur 33 centimètres, à raison de fr. 2-10 c.

Mais ces prix sont très-élevés à Paris, à cause de la cherté du bois et de la main-d'œuvre.

Nous en avons fait construire en Belgique, pour l'établissement de Forest : elles ont coûté fr. 3 par claie de 1 mètre 62 cent. sur 77 cent., fr. 1 70 c. par échelle de 1 mètre 54 cent. sur 33 cent.

Il faut 40 claies de ces dernières dimensions et 100 échelles, pour 1,000 kil. de feuilles ou 50 mètres carrés de vers; cinq échelles placées à 30 cent. de distance, servent pour 2 claies.

La dépense totale serait donc, pour les claies, de	fr.	120 c.
Et pour les échelles de		170
Total :	fr.	290 c.

Pour celui qui construit une magnanerie, ce mode n'est pas plus coûteux que tout autre, et il a l'avantage d'économiser une dépense annuelle de main-d'œuvre et de matériel.

§ 3. — DE LA TEMPÉRATURE.

Il est extrêmement important pour bien élever les vers à soie de connaître et de régler avec précision les diverses températures dans lesquelles doivent vivre ces insectes, selon leurs différents âges. Le ver à soie a besoin de moins de chaleur à mesure qu'il se développe et qu'il acquiert plus de force.

Les degrés de chaleur les plus favorables à la santé des vers, et les plus propres à leur faire produire une bonne et belle soie, sont, d'après l'échelle de Réaumur :

Dans le premier âge, environ . .	19 degrés.
Dans le deuxième	18 à 19
Dans les trois âges suivants . .	16 à 18

Mais nos sens n'étant pas assez délicats ou assez exercés pour juger exactement de la température, il est nécessaire de placer plusieurs thermomètres dans l'atelier.

Les variations subites de température sont toujours nuisibles aux vers à soie; cependant il est moins dangereux que le thermomètre descende d'un ou de deux degrés que s'il venait à dépasser la température indiquée.

Le froid n'est pas généralement nuisible aux vers, il ne fait que retarder leur développement : mais il leur est contraire lorsqu'ils sont assoupis ou qu'ils vont l'être, de même que lorsqu'ils approchent de leur maturité ou qu'ils y sont parvenus : le froid endurcit la matière contenue dans les vaisseaux séricifères.

La chaleur influe puissamment sur la matière soyeuse. Si l'on ne peut éviter une température trop chaude, il n'y a rien à redouter lorsque l'air peut circuler dans l'atelier; mais, si l'air extérieur est dans un trop grand calme, on doit chercher par tous les moyens possibles à exciter dans les colonnes d'air de l'atelier un mouvement salutaire.

Il est important aussi de tenir un thermomètre à l'air libre, pour connaître exactement la température extérieure; on a, par ce moyen, un rapport certain entre la chaleur externe et celle de l'atelier.

§ 4. — DE L'HUMIDITÉ.

Un excès d'humidité est un grand obstacle à la bonne réussite des vers à soie. Le principal inconvénient qu'il présente est le ralentissement de la transpiration des vers à soie. Le ver à soie, comme tous les insectes, n'a d'autre moyen que la transpiration, pour évacuer l'eau qu'il absorbe avec ses aliments; or, la transpiration ne peut, chez ces animaux, avoir lieu que proportionnellement à la qualité de l'air dans lequel ils vivent. Si cet air est humide à l'excès, la transpiration est ralentie, arrêtée même, et il en résulte des accidents et des maladies graves.

Il peut encore arriver que les aliments donnés aux vers à soie contiennent une quantité d'eau telle que la transpiration ne suffit pas à son évacuation. Il y a accumulation de liquide dans le corps de l'animal; il devient en quelque sorte hydropique.

Pour constater la quantité d'humidité qui se trouve dans l'atelier on se sert d'un petit instrument que l'on appelle hygromètre.

On sait que tous les corps sont plus ou moins susceptibles d'attirer l'humidité de l'atmosphère, de sorte que l'on peut composer des hygromètres avec ceux de ces corps qui possèdent le mieux cette propriété : l'instrument le plus fidèle, sous ce rapport, est l'hygromètre de Saussure, dont la pièce principale est un cheveu lessivé que l'humidité allonge et la sécheresse raccourcit.

On calcule que, tant que l'hygromètre centigrade ne dépasse pas 70 à 75 degrés, l'on n'a rien à craindre pour la santé des vers.

Quand les vents secs du nord dominent, il est rare que les vers à soie ne prospèrent pas, même entre les mains des plus inhabiles.

Les accidents qui frappent les vers à soie ont le plus ordinairement lieu dans le cinquième âge, lorsque les vents du sud rendent l'atmosphère trop humide. L'observation a prouvé que l'air tout à la fois humide et chaud fait plus de mal aux vers à soie que l'air vicié.

§ 5. — DES EFFETS DE LA LUMIÈRE.

Ce serait une erreur de croire que la lumière n'est pas indispensable au ver à soie ; la nature elle-même nous apprend que cette chenille est faite pour vivre à la lumière, puisqu'elle l'a destinée à vivre à l'air libre; la lumière n'incommode le ver à soie que lorsqu'il est parvenu à l'état de phalène ou papillon nocturne.

Les feuilles mêmes du mûrier, dans un atelier bien éclairé, dégagent de l'air vital très-pur, tandis que dans l'obscurité, elles rendent moins propre à la respiration, l'air avec lequel elles se trouvent en contact.

En outre, l'obscurité qui régnerait dans un atelier rendrait les travaux lents et fort difficiles, et amènerait des confusions et des pertes de vers inévitables pendant les délitements.

L'atelier doit donc être bien éclairé par des fenêtres proportionnées à son étendue et garnies de châssis : on ferme ces fenêtres intérieurement au moyen de volets, ou bien on les garnit de rideaux, lorsque les rayons du soleil sont très-forts, afin d'empêcher qu'ils ne frappent les vers et que la température intérieure ne s'élève plus qu'il ne faut.

§ 6. — NÉCESSITÉ D'UNE BONNE AÉRATION. — MOYENS DE PURIFICATION.

L'air pur est d'autant plus nécessaire au ver à soie que, ne respirant que par ses stigmates, ces organes de la respiration sont constamment en contact avec la litière, d'où partent des émanations plus ou moins vicieuses, selon que l'humidité est plus ou moins abondante.

Il arrive ordinairement qu'une ventilation bien dirigée, une nourriture saine, la propreté, les soins et une active surveillance suffisent pour entretenir la santé de cet insecte et prévenir la plupart des maladies; mais ces moyens deviennent quelquefois insuffisants, surtout dans les derniers âges.

On a tâché d'y suppléer par plusieurs moyens et notamment par un léger dégagement de chlore et par l'emploi du chlorure de chaux à très-petites doses. On emploi aussi avec succès de l'acide sulfurique que l'on mélange avec du sable pour le mouiller. Ce mélange est projeté deux ou trois frois par jour sur le sol de l'atelier.

La vapeur qui se dégage de ces matières affaiblit la fermentation de la litière; elle détruit l'effet des miasmes et des substances nuisibles à la santé des vers à soie, et elle influe même sur la bonne qualité des cocons (1). Il y a des personnes qui brûlent dans l'atelier des substances odoriférantes. Ces procédés doivent être proscrits; non-seulement leur combustion consume une partie de l'air indispensable à la vie des vers, mais elle produit des effets nuisibles à leur existence.

La fumée est toujours pernicieuse, elle peut occasionner la mort du ver à soie surtout s'il y a de l'humidité dans l'atelier.

§ 7. — DE LA NOURRITURE DU VER A SOIE. — MODE DE DISTRIBUTION. — REPAS, ETC.

La feuille du mûrier est la seule nourriture qui convienne au ver à soie.

(1) Bonafous, p. 50.

Depuis longtemps on a fait des essais pour remplacer la feuille du mûrier par d'autres végétaux : mais jusqu'ici ils ont été infructueux. Le ver à soie appartient à ces groupes d'insectes affectés à certains végétaux et qui ne sauraient vivre avec d'autres espèces, comme cela a lieu pour un certain nombre de chenilles dites *polyphages*, parce qu'elles mangent indifféremment différentes espèces de plantes (1).

L'expérience a toutefois constaté que les vers à soie peuvent vivre, pendant les premiers âges surtout, avec la feuille de certaines plantes telles que la ronce, la laitue, la *maclura aurantiaca*, la scorsonère; mais ils traînent une chétive existence, si même ils ne meurent pas, et la plupart ne peuvent filer ou ne filent que de mauvais cocons (2).

L'on peut affirmer que toutes ces tentatives sont abandonnées aujourd'hui, et l'on a bien reconnu que le ver à soie est la chenille du mûrier, laquelle trouve dans la feuille de cet arbre la matière première qui doit lui fournir la soie propre à filer son cocon.

On distingue dans la feuille du mûrier cinq substances principales : 1° le parenchyme ou substance fibreuse; 2° la matière colorante; 3° l'eau; 4° la substance sucrée; 5° la substance résineuse. La substance fibreuse, la matière colorante et l'eau, moins celle qui devient partie intégrante de l'animal, ne sont point des substances nutritives pour le ver à soie. La substance sucrée est celle qui nourrit le ver, le fait croître et se convertit en substance animale. La matière résineuse est celle qui se sépare insensiblement de la feuille et qui, attirée par l'organisme animal, s'accumule, s'épure et emplit ses

(1) *Ann. de la Société séricicole*, 1849, p. 170.
(2) Camille Beauvais, *Ann. séricicole*, p. 393.

vaisseaux séricifères. Or, toute variété de mûrier dont les feuilles offrent une plus grande proportion de principe sucré et de substance résineuse, avec le moins de parenchyme, est, sans contredit, celle qui réunit les qualités les plus précieuses.

Dans les deux premiers âges du ver à soie, il est essentiel que la feuille soit cueillie sur de jeunes mûriers sauvages. Un beau vert est l'indice d'une bonne feuille.

La feuille recouverte d'une substance visqueuse, connue sous le nom de *miellée*, est préjudiciable au ver à soie; on ne doit l'employer qu'à défaut de toute autre, après l'avoir lavée et soigneusement essuyée.

La feuille tachée de rouille ne fait aucun mal à l'insecte; il évite la partie rouillée et n'attaque que celle qui est saine; il lui faut toutefois une plus grande quantité de cette feuille pour qu'il puisse prendre la nourriture requise.

La feuille mouillée par la pluie ou par la rosée est toujours pernicieuse; faites jeûner les vers pendant quelques heures plutôt que de leur en présenter, surtout lorsque les vers sont faibles ou que l'époque de la mue approche.

On doit toujours tenir en réserve une certaine quantité de feuilles cueillies d'avance pour le besoin journalier des vers à soie.

Lorsque des pluies longues et sans intervalles obligent de cueillir les feuilles mouillées, on les fait sécher de la manière suivante :

On porte la feuille au logis, on la dépose sur un plancher de briques, sur un pavé ou sur un sol quelconque très-propre; on l'étend avec des fourches de bois; on la jette en l'air; on la tourne dans tous les sens à l'aide de râteaux, et on la pousse sur une autre partie du sol qui soit parfaitement sèche : toute l'humidité se dissipe.

Lorsqu'il y a une grande quantité de feuilles à sécher, on les entasse et on les presse pour qu'elles se réchauffent ; ensuite on les étend, on les éparpille, afin que la chaleur qu'elles ont acquise fasse évaporer l'humidité qui reste encore. S'il n'y a qu'une petite quantité de feuilles, on prend une toile sur laquelle on étend dix à quinze kilogr. de feuilles seulement; on plie cette toile dans sa longueur, en forme de sac et, deux ouvriers, tenant les deux extrémités, secouent la feuille qui sèche en peu d'instants.

On peut aussi faire sécher la feuille en l'étalant autour d'un gros feu de paille ou de bois léger : on la tourne et retourne dans tous les sens, jusqu'à ce qu'elle soit aussi sèche que si elle eût été cueillie par une belle journée.

Si la feuille n'est mouillée que par la rosée, il suffit d'une toile comme nous l'avons dit plus haut.

Des expériences souvent répétées ont prouvé que, pour la quantité de vers que peuvent occuper cinquante mètres carrés de claies, il faut pouvoir disposer en moyenne de 1,000 kil. de feuilles.

La consommation de ces feuilles se fait, d'après les différents âges du ver à soie, dans la proportion suivante :

1er âge.	4	kil.
2e »	13	»
3e »	43	»
4e »	130	»
5e »	800	»

On voit, d'après ces calculs, que le ver à soie mange pendant le dernier âge quatre fois environ ce qu'il a mangé pendant les quatre premières périodes de son existence.

D'après cette base, on peut faire approximativement le calcul de la feuille qu'une quantité donnée de vers à soie doit consommer dans le cours d'une éducation.

Nous ferons observer, en outre, que l'on peut avoir besoin d'une quantité de feuilles plus grande que celle indiquée, lorsque les vers naissent dans une saison défavorable, qui aurait retardé le développement du mûrier; de même que la quantité désignée peut excéder le besoin des vers lorsque, par l'effet d'une saison propice, la feuille est moins aqueuse et partant plus nutritive. L'expérience est ici une règle plus sûre que toute autre.

La distribution plus ou moins fréquente des repas qui exerce une si grande influence sur la durée des éducations, a aussi une grande importance pour l'égalité des vers.

Il est indispensable que toutes les claies d'une même division et tous les vers d'une même claie reçoivent de la feuille en même temps et dans la même proportion : si l'on oubliait une claie ou si l'on donnait deux fois de la feuille à une partie de la division, quand l'autre partie n'en aurait reçu qu'une fois, ou bien si l'on n'en distribuait pas également entre tous les vers de la même claie, il en résulterait une grande différence entre les vers du même atelier.

Dans les deux ou trois premiers âges, on met beaucoup de soin à trier la feuille; on ôte tous les petits bourgeons pour qu'il n'y ait rien d'inutile à la nourriture des jeunes vers.

En outre, dans le premier âge on coupe la feuille très-menue, à peu près comme du persil. Pour cette opération, on se sert d'un couteau, s'il s'agit d'une très-petite éducation, et d'un coupe-feuilles quand il s'agit d'une éducation importante. Il y a des coupe-feuilles de différents modèles; le plus ancien n'est autre chose que le hache-paille du plus ancien modèle connu en Belgique. Le coupe-feuilles le plus estimé aujourd'hui en France est celui de Damon de Viviers (Ardèche). Il se se vend, suivant la grandeur, de 60 à 100 francs.

Dans le deuxième âge, on coupe la feuille un peu moins menue, et dans le troisième âge on la coupe très-grossièrement.

Quelques personnes recommandent de couper la feuille pendant toute la durée de l'éducation, mais ce moyen est fort peu pratique dans un atelier un peu étendu, et l'expérience semble avoir démontré que l'on peut se dispenser de cette opération dès le quatrième âge. Il suffit, à partir de cette époque, de monder convenablement la feuille. Dans le cinquième âge on peut même se dispenser d'enlever les bourgeons.

M. Camille Beauvais a le premier, imaginé de distribuer la feuille au moyen d'un tamis. Ce tamis est un petit cadre fait avec quatre planches, et garni d'un treillage en fil de laiton. La grandeur des mailles doit être en rapport avec la feuille coupée, de manière à ce que de légères secousses imprimées au tamis avec la main puissent faire tomber la feuille. L'inventeur a eu la pensée de mettre deux fonds de treillage superposés à 1 centimètre de distance. Les carrés de la grille inférieure doivent avoir 1 centimètre de moins que ceux de la grille supérieure; cette disposition rend l'opération plus facile et plus régulière. Jusqu'à présent les tamis n'ont été employés que dans le premier âge, ou au plus dans les deux premiers âges des vers, et il ne paraît pas probable qu'on puisse s'en servir pour le reste de l'éducation.

Le moment de l'éducation où il faut le plus d'intelligence pour la distribution des repas est celui des mues.

Mais, quelque soin que l'on apporte dans la distribution des repas pour maintenir l'égalité parmi les vers, on conçoit qu'il est impossible d'obtenir une simultanéité parfaite dans toutes les phases de leur existence : la nature n'est jamais semblable à elle-même, et elle met toujours, dans les divers êtres, des différences marquées de vigueur et de solidité de constitution; il n'est pas plus possible d'obtenir que les vers a soie changent de peau instantanément, qu'il n'est possible d'obtenir des éclosions simultanées; il y a des vers qui s'endorment un peu plus tôt, d'autres un peu plus tard.

En général, dans l'éducation la mieux dirigée, les vers d'une même série mettent douze heures pour s'endormir entièrement; ils restent endormis pendant douze heures, et mettent douze heures à se réveiller ou à sortir de leur peau, ce qui fait trente-six heures. Mais il n'y a là rien d'absolu; l'opération dure d'autant moins que l'égalité entre les vers est plus parfaite.

Au moment de la mue, on doit diminuer les repas peu à peu, de manière à ce que les vers un peu plus en retard reçoivent toujours de la feuille, sans cependant enterrer dans la litière ceux qui sont déjà endormis; au sortir de la mue, avant de recommencer les repas, il faut attendre que tous les vers soient parfaitement réveillés et disposés à se jeter sur la feuille.

Il y aurait des inconvénients à laisser les vers les premiers réveillés, manger plusieurs heures avant les derniers, à cause des inégalités qui en résulteraient. L'expérience démontre, du reste, que les vers, au sortir des mues, peuvent se passer de nourriture assez long temps, vingt-quatre à trente heures et même davantage, sans paraître en souffrir aucunement.

On a souvent agité la question de savoir si l'on devait faire manger les vers à soie pendent la nuit, et les opinions ont toujours beaucoup varié à cet égard.

Nous conseillerons de ne pas se préoccuper de ce point, et de laisser les vers sans manger pendant la nuit; on leur donne le dernier repas vers le soir, et le premier vers cinq heures du matin; on a toujours soin de baisser un peu la température pendant la nuit, afin que les vers puissent attendre plus facilement.

Il est un point très-important et sur lequel les personnes les plus expertes en pareille matière ne sont point d'accord, nous voulons parler du nombre de repas qu'il convient de donner aux vers pendant les différents âges. M. Bonafous recommande, en général, de diviser la nourriture en quatre repas réguliers par jour; un le matin, un le soir et les deux autres dans le courant de la journée.

D'autres éducateurs distingués recommandent de renouveler constamment les repas.

Pendant les premiers âges, alors que la consommation de la feuille n'est pas grande, il convient d'en régler la distribution suivant l'appétit des vers et de renouveler très-souvent la feuille coupée; plus tard on peut rendre les repas plus réguliers.

Lorsque le ver ne reçoit que la feuille dont il a besoin, il la mange avec appétit, la digère facilement et conserve toute sa vigueur.

Une loi générale est de ne pas donner à manger avant que les vers n'aient consommé toute la feuille qu'on leur a déjà distribuée; on doit, en un mot, s'appliquer à obtenir avec la moindre quantité de feuilles la plus grande quantité possible de bons cocons.

Sans peser chaque fois la feuille, il est un moyen sûr de régler la nourriture des vers à soie, surtout lorsqu'ils sont gros, c'est de ne donner une nouvelle feuille qu'une heure ou deux après qu'ils ont mangé la précédente et qu'il n'en reste que les nervures. Mais on ne servira la feuille aux vers que sept à huit heures au moins après l'avoir cueillie. Il est même important, dans les derniers âges, de la récolter un, deux et même trois jours avant de l'employer. La feuille se conserve facilement trois ou quatre journées sans se flétrir, si elle n'est pas trop entassée et surtout si on a soin de la remuer de temps en temps.

Le meilleur local pour conserver le feuille est une cave peu profonde, ou une chambre au rez-de-chaussée, fraîche, légèrement humide et fermée de manière à ce que ni la lumière ni l'air extérieur ne puissent, pour ainsi dire, y pénétrer. Toutefois, si les feuilles sont échauffées lorsqu'elles arrivent au dépôt, il faut ouvrir du côté où règne le plus de fraîcheur, les remuer et les éparpiller plusieurs fois pour les amener à la température locale. Il suffit ensuite de tenir le dépôt fermé.

§ 8. — DU DÉLITEMENT, DU DÉDOUBLEMENT ET DE L'ÉGALITÉ DES VERS. — DES FILETS.

Pour élever les vers à soie, on est obligé de les accumuler sur des tables et sur des claies en aussi grande quantité que possible, dans le but de tirer le meilleur parti du local et des feuilles dont on dispose. C'est, comme nous l'avons fait remarquer, l'inconvénient de toutes les éducations industrielles auquel il importe de remédier par un redoublement de soins et de précautions.

Dans cet état d'accumulation, les excréments des vers forment, avec le résidu des feuilles, une litière épaisse qui se transforme bientôt en un véritable fumier et d'où s'exhalent de funestes émanations, causes incessantes de maladies, si l'on n'a soin de l'enlever promptement. Il est donc extrêmement important de faire disparaître la litière et de tenir les vers dans un état d'extrême propreté.

Cette opération s'appelle délitement.

L'on nomme dédoublement, l'opération qui a pour but, au sortir de chaque mue, à mesure que les vers grandissent et exigent, par conséquent, un plus grand espace, de les transporter sur d'autres claies où on leur donne environ le double de la superficie qu'ils occupaient précédemment. Il y a peu d'années encore, ces opérations se faisaient à la main. Les vers pressés, froissés, souffraient beaucoup du maniement qu'on leur faisait subir. Ce mode d'opérer prenant beaucoup de temps, on cherchait à éviter les délitements autant que possible, et il en résultait des accidents qui diminuaient beaucoup la valeur des récoltes.

L'on a inventé un procédé au moyen duquel les délitements et les dédoublements se font avec célérité et sans danger pour la vie de la chenille.

Ce mode consiste dans l'emploi des filets.

Beaucoup d'éducateurs emploient à cet effet un filet à mailles carrées, ayant la même dimension que les claies, et bordé de cordes qui lui servent d'encadrement.

Nous avons reconnu par l'expérience, qu'il est préférable de tendre un filet de cordes sur de légers cadres de bois blanc. La dimension de ce cadre doit être réglée d'après celle des claies.

Le filet doit être en fil de bonne qualité.

La maille doit être carrée et à nœuds fixes.

Chaque maille a de dix à quinze centimètres carrés.

Lorsque le moment est venu de procéder au délitement, on pose avec précaution les filets sur les claies : on garnit alors le filet de feuilles; les vers, qui viennent de sortir de leur léthargie, ont un grand appétit, ils quittent leur vieille litière et se portent avec empressement à la surface des feuilles du nouveau filet : on saisit alors le filet, on l'enlève avec les vers, on le place sur une autre tablette et l'on nettoie la claie restée vide.

Ce mode nous paraît bien préférable à l'emploi des filets non fixés sur un cadre : le transport des vers est très-difficile sur ces énormes filets et offre beaucoup d'inconvénients, celui, entre autres, d'exposer, pendant le transfert d'une tablette à l'autre, les vers à tomber vers le milieu, si le filet n'est pas parfaitement tendu.

L'on a imaginé de remplacer les filets de fil par des filets de papier qui coûtent peut-être moins cher, mais qu'il faut remplacer chaque année, de sorte qu'en définitive il y a économie à se servir des filets comme nous venons de l'indiquer.

Le délitement s'opère après chaque mue, lorsque les vers sont excités par un vif appétit, à monter sur la feuille fraîche qu'on leur présente.

Le nombre de délitements supplémentaires à opérer pendant l'éducation peut dépendre de la température, de l'état de la feuille et de l'atmosphère.

En règle générale, un délitement suffit pendant chacun des quatre premiers âges : pendant le cinquième âge on délite aussi souvent que possible. Lorsque les vers vont monter, on enlève toute la litière et on répète cette opération pour la dernière fois, vingt-quatre heures après que les vers ont commencé à monter.

Le dédoublement se fait en général au sortir de chaque mue, au moyen des filets, comme pour le délitement.

On place un filet chargé de feuilles sur la partie que l'on veut dédoubler. Lorsque ce filet est couvert d'une certaine quantité de vers, on le transporte sur une autre claie.

Il faut tâcher de n'opérer qu'un dédoublement par âge, en réservant aux vers sur les nouveaux filets assez d'espace pour le développement qu'ils sont appelés à prendre après chaque mue.

Après le quatrième ou le cinquième jour du cinquième âge, on peut faire un deuxième dédoublement, et l'on a soin de laisser alors aux vers tout l'emplacement dont ils auront besoin sur chaque claie, pour arriver à leur entier développement.

A chaque délitement, à chaque dédoublement, on a soin de laisser sur la litière et de rejeter les vers malades, faibles et paresseux, afin de ne conserver que des vers vigoureux qui ont plus de chances de fournir de bons cocons. C'est ce que l'on appelle établir l'égalité parmi les vers. L'on arrive par ce mode à n'avoir sur une même claie que des vers sains et robustes qui parcourent facilement toutes les périodes de leur existence.

§ 9. — DE LA GRAINE DE VER A SOIE.

On appelle graine, les œufs des vers à soie. Le ver à soie, comme toutes les chenilles, se transforme en chrysalide, de cette chrysalide sort un papillon qui donne des œufs, et ces œufs produisent, au printemps suivant, de nouveaux vers.

BIBLIOTHÈQUE IMPÉRIALE

On ne peut attacher trop d'importance à se procurer de la bonne graine. Si on la fabrique soi-même, il ne faut négliger aucune précaution pour l'obtenir de la meilleure qualité. Si on l'achète, il ne faut s'adresser qu'à des personnes de confiance (1).

On fera bien de ne pas attendre le moment de l'éducation pour faire venir la graine, mais de la demander pendant l'hiver, afin que les œufs éprouvent, dans le transport, le moins d'émotion possible (2).

La bonne graine de ver à soie se vend de 5 à 7 fr. les 31 grammes, suivant les années; il ne faut jamais regarder au prix de la graine pour en avoir de la meilleure qualité; car elle coûte peu de chose relativement à la perte que l'on peut éprouver par suite de l'emploi de mauvaise graine.

On reconnaît que la graine est de bonne qualité si les œufs ont une couleur grise naturelle, et s'ils ne sont pas trop déprimés : mais à la vue on ne peut savoir s'ils proviennent de bonne race. Quelques marchands préparent la graine en leur faisant subir un lavage dans du vin ou toute autre liqueur, et leur donnent ainsi une plus belle apparence. Ces procédés sont nuisibles à la graine qu'il vaut mieux recevoir dans son état naturel.

(1) Nous citerons une maison de France qui, depuis un grand nombre d'années, a fourni la graine que l'établissement de Forest a fait revenir tant pour son compte que pour celui du gouvernement. Cette maison, en qui l'on peut avoir toute confiance, est celle de MM. Bonnet fils, Savin et Ce, à Avignon.

(1) Plus loin nous traiterons de la manière de faire de la bonne graine. Cependant aussi longtemps que le département de l'intérieur continuera à distribuer annuellement de la graine de vers à soie qui est originaire d'Italie, nous ne pouvons qu'engager les éducateurs à en demander, au moins pour une grande partie de leurs besoins. En essayant, chaque année, de faire une petite quantité de graine, on acquerra l'expérience nécessaire pour arriver à se dispenser de recourir chaque année à l'étranger.

DE LA CONSERVATION DE LA GRAINE.

Il ne suffit pas d'avoir de bonne graine, il faut encore la conserver de manière à la préserver de toute émotion. La nature elle-même a condamné les œufs de vers à soie à l'inertie pendant un certain temps; ainsi il faut six, sept ou huit mois pour que des œufs de vers à soie abandonnés à eux-mêmes soient aptes à éclore. Il ne s'agit donc que de rendre cette inertie la plus complète possible, et de la prolonger plus ou moins, jusqu'au moment le plus favorable pour l'éducation. Si on ne prenait aucun soin à cet égard, on s'exposerait aux plus graves inconvénients. Ainsi, l'éclosion pourrait avoir lieu trop tôt ou trop tard, par rapport à la pousse de la feuille du mûrier; cette éclosion serait très-inégale, elle pourrait durer huit ou dix jours et même davantage, ce qui ferait une multitude de divisions et rendrait l'éducation presque impossible. En outre, l'embryon destiné à former le ver serait exposé à toutes les vicissitudes de la température, le froid ou la chaleur pourrait, en précipitant ou en arrêtant tour à tour son développement, lui causer de profondes altérations dont la funeste influence se ferait ressentir plus tard.

Pour bien conserver les œufs de vers à soie, et rester ainsi toujours parfaitement maître du moment de l'éclosion, il faut, aussitôt après la ponte, mettre la graine dans une cave où la température soit toujours la même, en ayant soin de placer cette graine à l'abri de l'humidité; généralement on l'enferme dans des boîtes de fer-blanc ou autres vases percés de petits trous (1) que l'on suspend à la voûte de la cave.

(1) Il est bien démontré que la graine a besoin d'air pour se con-

Un cellier ou tout autre endroit frais peut remplacer la cave. Enfin il convient, lorsque le temps est un peu froid, de sortir la graine pendant quelques instants, afin de bien l'aérer et d'éviter toute moisissure.

DU MOMENT DE METTRE LA GRAINE A L'ÉCLOSION.

Le moment de mettre la graine à l'éclosion dépend de la végétation des mûriers, qu'il faut consulter avec soin.

On doit calculer le temps que l'on pensera devoir employer, soit pour l'incubation, soit pour les divers âges des vers, et prendre ses dispositions de manière à ce que les quatrième et cinquième âges, époques auxquelles les vers à soie consomment le plus, correspondent au moment où la feuille aura pris son plus grand développement.

On comprend combien il est important de ne pas cueillir les mûriers trop tôt, car, si la feuille n'était pas suffisamment développée, on ferait une perte considérable sur la récolte; si, au contraire, l'éducation était trop retardée, on aurait de la feuille qui serait trop dûre, trop coriace et, ce qui serait un bien plus grand inconvénient, on risquerait d'être surpris par les grandes chaleurs, avant la montée (1). Il y a donc un point d'autant plus difficile à saisir, que souvent les calculs les mieux combinés peuvent être déjoués par les vicissitudes de la saison; aussi est-il à peu près impossible de poser des règles fixes à cet égard : on ne peut être guidé que par la réflexion, l'expé-

server en bon état, et qu'il serait très-nuisible de la tenir dans des vases hermétiquement fermés.

(1) Il faut en général, en Belgique, que l'éducation soit terminée avant l'époque des chaleurs caniculaires qui est la plus défavorable.

rience et une suite d'observations qui doivent varier suivant les climats et suivant les années. Seulement, en cas d'erreurs ou de faux calculs, pour atténuer le mal, il reste toujours une ressource : c'est de hâter ou de retarder l'éducation, ce que l'on peut faire au moyen d'une température plus ou moins élevée, et de repas donnés plus ou moins fréquemment.

PRÉPARATION DE LA GRAINE AVANT DE METTRE A ÉCLORE.

La graine est faite, en général, sur toile de lin ou de coton; quelques semaines avant de la mettre à éclore, il faut l'enlever de cette toile; voici comment cette opération doit être faite :

Vers le commencement du mois d'avril, ou dès que le mûrier commence à bourgeonner, on place les linges qui contiennent les œufs dans une chambre dont la température est à peu près égale à celle où on les a conservés; on plie le linge en plusieurs doubles et on le plonge dans un seau d'eau très-limpide; on l'agite de haut en bas jusqu'à ce que l'eau ait pénétré partout, et on le laisse dans le sceau pendant cinq à six minutes. On le retire, et on le laisse égoutter deux ou trois minutes en le tenant dans les mains; on le pose ensuite sur une table du côté où l'on veut commencer à détacher les œufs. A l'aide d'un grattoir ou d'un couteau de bois, on détache doucement ces œufs, on les entasse sur le linge même; peu à peu on les enlève tous avec le même instrument, et on les dépose dans un bassin. On verse alors une certaine quantité d'eau sur les œufs; on les frotte avec la main, pour qu'ils se lavent et se détachent; on enlève les œufs qui surnagent; on agite cette eau, et on la verse sur un tamis ou sur un linge pour en séparer les œufs.

On met dans un bassin les œufs du tamis et ceux qui sont restés au fond du seau; on verse dessus de l'eau pure, on lave de nouveau les œufs, toujours très-délicatement, afin qu'ils se séparent avec facilité. Lorsque l'eau est écoulée, on fait égoutter les œufs, et on les étend sur d'autres linges bien secs; on pose ces linges à l'ombre sur un pavement, ou mieux encore sur des claies, en ayant soin de les remuer légèrement plusieurs fois, pour éviter toute agglomération.

Lorsque les œufs sont bien secs, on les met sur des assiettes de faïence ou d'étain, à la hauteur d'un demi-travers de doigt, et on les laisse jusqu'au moment de les faire éclore dans un lieu frais et exempt d'humidité.

QUANTITÉ DE GRAINE A METTRE A ÉCLOSION.

Toute la graine qu'on met à éclore ne vient pas à bien ou ne vient pas en temps utile; il faut sacrifier un assez grand nombre de vers dans les premiers âges, à une époque où ils n'ont pas encore une grande valeur; tout compte fait, il est rare que, dans les meilleures éducations, on élève plus de la moitié de la graine que l'on a mise à éclore. Nous avons vu qu'avec 1,000 kilog. de feuilles et 50 mètres carrés de claies on pouvait obtenir 50,000 cocons; il faudra donc mettre à l'éclosion 80,000 ou 100,000 graines (60 ou 80 grammes) par 1,000 kilog. de feuille que l'on voudra consommer, et 50 mètres carrés de claies dont on pourra disposer.

§ 10. — DE L'ÉCLOSION.

DES MÉTHODES D'ÉCLOSION.

Le ver à soie, originaire d'un climat plus chaud que le nôtre, exige que l'art supplée à ce que la nature refuse chez nous à ses besoins. Beaucoup de petits éducateurs, dans le midi de la France, pour faire éclore la graine, la portent sur eux dans des sachets ou la font porter par leurs femmes, la chaleur du corps agissant promptement sur le développement du germe de l'œuf. Il y a des couveurs de profession; ce sont des hommes qui se mettent au lit pendant plusieurs jours, tout entourés de petits paquets de graine appartenant à un certain nombre d'éleveurs. Toutes ces pratiques n'offrent aucune régularité, aucune sûreté, et donnent, la plupart du temps, les éclosions les plus inégales. Les personnes un peu éclairées, ou qui font des éducations de quelque importance, ont recours soit à une couveuse, soit à une chambre d'éclosion.

La couveuse, simple boîte en bois blanc avec un appareil chauffé à l'huile ou à l'esprit-de-vin, est disposée de manière à donner à l'air ambiant le degré de chaleur et d'humidité convenable.

L'on a imaginé un grand nombre de couveuses; celle à laquelle on semble donner aujourd'hui la préférence est due à M. Jules Liron d'Airoles.

Un petit magnanier qui possède une couveuse peut s'entendre avec ses amis et ses voisins pour faire éclore leur graine. S'il se réduit à la sienne, il peut simplifier la couveuse, diminuer les dimensions et le nombre des boîtes; la dépense sera alors bien minime.

Pour permettre aux éducateurs de construire eux-mêmes une couveuse, nous allons donner la figure et la description détaillée du système de M. J. Liron (1).

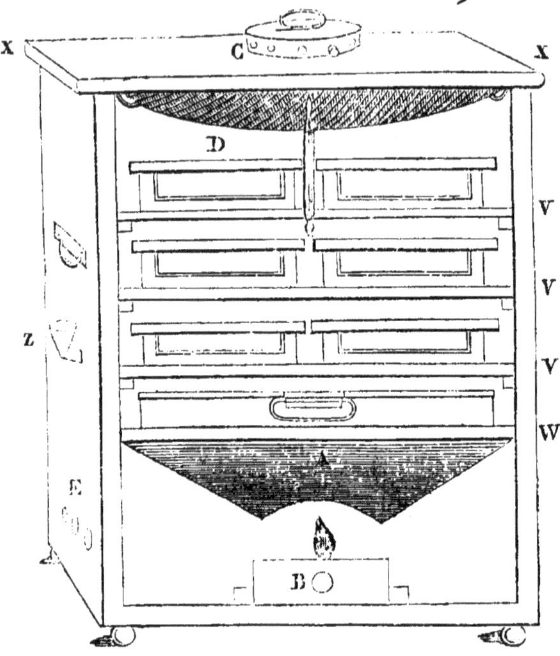

Fig. 50.

Cette boîte a 50 centimètres de hauteur, sur 38 de large, et 20 de profondeur; elle peut servir à l'éclosion de 360 ou 480 grammes de graine (10 à 15 onces). Ces dimensions, nous l'avons dit, peuvent se réduire pour des éclosions moins importantes. Elle est construite en bois blanc non peint : le couvercle XX est à charnière et se ferme avec deux crochets.

Le devant de la couveuse est garni d'une vitre qui

(1) De Boullenois, p. 70.

se glisse dans deux rainures et peut s'enlever à volonté; on voit au travers ce qui se passe dans l'intérieur.

On pose les boîtes d'éclosion sur trois petits cadres mobiles en bois VVV; ces cadres sont garnis d'une toile métallique ou d'un canevas et ils glissent, comme des tiroirs, dans des rainures.

Les boîtes d'éclosion sont plates et en bois blanc, avec un couvercle en canevas pendant l'incubation, et un couvercle en bois plein fermant exactement, que l'on met à la place du couvercle en canevas au moment de l'éclosion, pour empêcher les jeunes larves de sortir et de se répandre dans la couveuse. On peut garnir aussi le devant de chaque boîte d'une petite vitre.

Au-dessous des cadres est placé un petit bassin plat, mobile en fer-blanc W, et occupant presque tout le carré de la couveuse.

Ce bassin reçoit l'eau destinée à entretenir l'humidité nécessaire dans la couveuse; on met l'eau soit en retirant le bassin, soit au moyen du petit entonnoir extérieur Z. Le bassin pose sur l'orifice supérieur d'une sorte de trémie en planches A, dont l'orifice inférieur, plus étroit, reçoit la chaleur produite par une petite lampe B.

Dans le bas de la couveuse, sur l'un des côtés, on ménage de petits trous pour le renouvellement de l'air. On abaisse ou on élève la température, en augmentant la force de la lampe B et en ouvrant ou fermant la soupape C, ou même le couvercle XX.

Sous ce couvercle XX on tend un filet D, pour recevoir une carde de coton destinée à absorber l'humidité chaude qui se dégage dans l'intérieur de la couveuse. Enfin on y suspend un thermomètre, que l'on peut voir à travers la vitre qui est sur le devant.

Le point le plus important, dans l'emploi d'une couveuse, est de maintenir la température d'une manière égale et d'avoir toujours de l'eau dans le bassin en fer-blanc, au-dessous de la lampe, de manière à ce que les œufs soient toujours saturés d'humidité.

Les personnes qui font des éducations importantes emploient, pour l'éclosion, une petite chambre dans laquelle, au moyen d'un poêle, on entretient la chaleur nécessaire.

Cette chambre doit être sèche, bien éclairée; nous recommandons qu'elle soit petite parce qu'elle est plus économique et qu'on y règle mieux la chaleur.

Cette chambre chaude doit être garnie d'un thermomètre, d'un hygromètre et de claies.

DE L'INCUBATION.

Quand on veut mettre à éclore, il ne faut pas sortir la graine brusquement de l'endroit où on la conserve, il faut l'amener graduellement à la température extérieure et ensuite à celle de la chambre d'éclosion.

Si l'on n'employait aucun moyen artificiel, la graine ne manquerait pas d'éclore; mais alors, non-seulement cette éclosion se ferait sans égalité, mais encore elle aurait lieu au moment où on s'y attendrait le moins, et souvent lorsque l'on n'aurait pas pris toutes ses dispositions, soit pour la feuille, soit pour le local destiné à placer les vers.

L'on fait donc éclore, dans une chambre d'éclosion ou dans une couveuse, la quantité d'œufs destinée à l'éducation.

Que l'on se serve de l'un ou de l'autre procédé, la marche à suivre, soit pour l'arrangement des vers, soit pour la température et la levée des jeunes vers, est la même.

L'on place la graine sur une claie garnie d'un fort papier. L'on étend sur cette claie les œufs par couches épaisses de 2 millimètres au plus, et l'on recouvre la claie d'un linge ou d'un drap pour tenir les vers dans une espèce d'obscurité.

La température de la chambre chaude ou étuve sera maintenue, dans les deux premiers jours, à. . . . . 14 degrés R.

Dans le troisième jour. . . .	15	»
Dans le quatrième jour . . .	16	»
Dans le cinquième jour . . .	17	»
Dans le sixième jour	18	»
Dans le septième jour. . . .	19	»
Dans le huitième jour. . . .	20	»
Dans le neuvième jour. . . .	21	»
Dans les dixième, onzième et douzième jours.	22	»

Si la saison retardait le développement de la feuille, il faudrait retarder la naissance des vers, en maintenant, pendant deux ou trois jours, une température uniforme, sans jamais la varier. Si, au contraire on est pressé par la pousse des feuilles, on peut, pour gagner du temps, hâter la naissance des vers, en élevant la température d'un ou de deux degrés.

Lorsque la chaleur commence à atteindre dix-neuf degrés, il est bon de tenir dans la chambre deux vases remplis d'eau : l'évaporation de l'eau qui se fait très-lentement, tempère la sécheresse qui pourrait s'y établir, principalement lorsque le vent du nord domine. Une grande siccité contrarie la naissance des vers.

On remue les œufs une ou deux fois par jour avec une cuiller; ce mouvement leur est très-utile à l'approche de l'éclosion. Lorsque les œufs prennent une couleur blanchâtre, le ver est déjà formé; cela arrive ordinairement du huitième au dixième jour : on étend alors sur les œufs des feuilles de papier criblées de trous et coupées de manière à les couvrir entièrement, ou plutôt l'on se sert de morceaux de tulle bobin bien dégommé : par ce moyen on fait sortir les vers en empêchant la coquille des œufs de s'attacher aux feuilles.

Le premier jour, il n'éclôt ordinairement que peu de vers; si le nombre en est très-faible, il convient de les sacrifier, parce que, en les mêlant avec ceux qui naissent le jour suivant, ces vers, qui seraient plus gros que les derniers nés, marcheraient inégalement.

Les œufs bien conservés qui n'ont point souffert par trop de chaleur ou par trop de froid, n'éclosent pas avant le terme naturel; leur éclosion précoce ou tardive dépend moins de la chaleur de l'étuve que de la température dans laquelle on les a tenus pendant le cours de l'année; l'expérience démontre d'ailleurs que plus les vers tardent à naître, plus ils sont vigoureux, parce que l'embryon se développe plus complétement.

Il faut en général trois ou quatre jours pour que l'éclosion soit complète. Les vers qui naissent ensuite sont rejetés.

On remarque que c'est toujours le matin que ces vers éclosent; cependant quelques-uns, mais en petit nombre, éclosent pendant la journée et même pendant la nuit.

§ 11. — DE LA LEVÉE DES VERS LORS DE L'ÉCLOSION ET DE LEUR ARRANGEMENT SUR LES CLAIES.

Le second jour de l'éclosion on fait la première levée des vers; voici comment l'on s'y prend : on place sur le tulle bobin ou sur le papier percé qui recouvre les œufs, un certain nombre de feuilles (1).

ces feuilles constituant le premier repas des vers, il importe de ne pas se hâter à les donner et d'attendre que tous les vers d'un même jour d'éclosion soient sortis de l'œuf et disposés à manger; de ce premier repas dépend la simultanéité de l'éducation.

Comme les vers naissent en général le matin, on fera vers huit ou neuf heures la première levée des feuilles que l'on aura placées deux ou trois heures auparavant.

On n'enlèvera les feuilles que lorsqu'elles seront bien également chargées de vers, sinon on ne pourrait pas disposer les vers convenablement sur les claies après la levée : ils seraient trop peu serrés sur certains points et trop agglomérés sur d'autres, tandis qu'au contraire, il faut qu'ils soient répartis également pour recevoir une égale quantité de feuille dans les divers repas qu'on leur donne.

On continue ensuite la même opération en faisant une ou deux levées le deuxième, le troisième et même le quatrième jour; passé ce terme, on rejette les derniers vers.

Quand les feuilles sont chargées bien également de vers, on les enlève et on les range sur des claies

(1) Dans les ateliers d'une certaine importance, on emploie pour la levée des vers, des filets dits à éclosion, c'est-à-dire confectionnés comme ceux dont nous avons donné la description pour les délitements, avec cette différence qu'ils ont des mailles beaucoup plus petites.

L'on se sert des filets à petites mailles jusqu'au troisième âge.

qui ont été, au préalable, recouvertes de feuilles de papier. Cette opération se fait jour par jour, et il faut avoir bien soin de ne pas confondre les levées entre elles et de bien les séparer, sinon l'on introduirait dès l'abord, la perturbation dans l'éducation et l'on détruirait toute égalité pour l'avenir.

On doit placer les vers par petites bandes dans le milieu de chaque claie, de manière à ce qu'il y ait, de chaque côté, de l'espace pour que les vers puissent s'étendre au fur et à mesure qu'ils grossiront.

Dans les grands établissements, il convient d'avoir un petit atelier pour le premier et même le deuxième âge des vers, et de ne les transporter dans la magnanerie qu'au troisième âge (1); il est très-important de ne pas faire passer trop brusquement les jeunes larves de la température de l'éclosion à celle de l'éducation, mais de le faire graduellement. Ainsi, en supposant que les vers soient éclos à 22 degrés Réaumur, il faut, le premier jour du premier âge, soutenir la température de l'atelier à cette même chaleur; le lendemain baisser d'un degré, et ainsi de suite chaque jour, jusqu'à ce que l'on ait atteint le degré de température auquel on se propose de faire l'éducation. Cette précaution est indiquée pour éviter le mauvais effet qu'un changement trop subit pourrait produire sur les jeunes vers.

(1) Quand on a une chambre d'éclosion, on peut s'en servir pour les deux premiers âges.

§ 12. — DES DIFFÉRENTS AGES.

DE LA DURÉE DES AGES.

Le ver à soie, comme nous l'avons déjà fait remarquer, compte cinq âges après l'éclosion.

Ces âges datent du jour des différentes mues ou de changements de peau. Le premier âge est celui qui a lieu depuis l'éclosion jusqu'à la première mue; le deuxième âge s'écoule entre la première et la deuxième mue; le troisième âge entre la deuxième et la troisième mue; le quatrième âge entre la troisième et la quatrième mue; le cinquième âge depuis la quatrième mue jusqu'à la montée.

La durée de chaque âge, et par suite de l'éducation tout entière, dépend du degré de chaleur de l'atelier et de la fréquence des repas.

Avec une température très-élevée de 23 ou 24 degrés, par exemple, et des repas continuels, on peut terminer une éducation en vingt ou vingt-deux jours, comme en baissant cette température à 15 et 16 degrés, et ne donnant que des repas très-éloignés, on peut mettre quarante et cinquante jours. Plus l'éducation est rapide et plus tôt on est débarrassé du travail; mais il ne faut pas que la rapidité soit obtenue au détriment de la qualité des cocons. On a remarqué que, quand les vers étaient venus trop vite, ils ne donnaient pas d'aussi belle soie. Il importe donc de tenir un juste milieu, entre ces deux extrêmes.

Le terme de trente à trente-cinq jours paraît être le plus convenable et celui qui donne les meilleurs résultats; en raison de la chaleur extérieure de notre pays, on obtient ce résultat avec la température que nous avons indiquée (1).

(1) Voir page 82.

Dans l'éducation des vers à soie, on est maître de la durée de leur existence, en abrégeant ou allongeant cette durée, suivant les besoins exigés par les circonstances que l'on n'a pu prévoir.

Quand l'éducation est conduite d'une manière normale, quand on a un bon système de ventilation et de chauffage, quand on a soin d'entretenir la plus grande égalité dans la température et parmi les vers, on peut assigner d'avance, et à peu de chose près, le terme des divers âges et, par suite, de l'éducation. Un bon éducateur est maître de son atelier; il excite ou ralentit, suivant qu'il est nécessaire : ainsi, lorsqu'on s'aperçoit que, par suite du refroidissement de la température extérieure, la pousse des feuilles n'a pas lieu aussi rapidement qu'on l'avait espéré, on abaisse un peu la température et l'on donne des repas moins abondants.

On peut, par ce moyen, allonger de quatre à cinq jours la durée d'une éducation.

En réglant la température de l'atelier pour hâter ou retarder l'éducation, on ne doit jamais oublier de consulter avec soin la marche de la végétation du mûrier.

La durée totale d'une éducation avec une température moyenne de 16 à 18 degrés R. est de trente à trente-cinq jours environ, savoir :

1er âge et 1re mue	5 à 6 jours.
2e âge et 2e mue	4 à 5 »
3e âge et 3e mue	5 à 6 »
4e âge et 4e mue	7 à 8 »
5e âge jusqu'à la montée. . . .	9 à 10 »
	30 à 35 jours.

DES SOINS A DONNER AUX VERS PENDANT LES QUATRE PREMIERS AGES.

Dans le premier et le deuxième âge on peut, à la rigueur, se dispenser de déliter, parce que la litière se sèche promptement. Cependant, il vaut mieux l'enlever en se servant de filets à petites mailles.

Au troisième âge, on augmente la grandeur des mailles des filets, et l'on porte les vers dans la magnanière. Il faut, dès cette époque, s'occuper avec soin des délitements et des dédoublements, et donner aux vers, au fur et à mesure qu'ils grandissent, l'emplacement qui leur est nécessaire. Il ne faut pas que les vers soient trop éloignés sur les claies, sinon il y aurait perte de feuilles. Il faut au contraire les tenir assez serrés pour qu'ils puissent consommer toute la nourriture qui leur est donnée.

Les plus habiles magnaniers s'accordent à dire qu'à chaque âge, il doit y avoir assez de place entre deux vers pour qu'un troisième puisse venir s'y installer.

L'on sait, du reste, qu'au dernier âge, au moment de la montée, il ne doit guère y avoir plus de mille à quinze cents vers sur l'espace d'un mètre carré.

A chaque délitement ou dédoublement, l'on a soin de rejeter avec la litière tous les vers paresseux ou chétifs, de manière à ne conserver qu'une population vigoureuse.

Enfin, il faut pratiquer le dédoublement toutes les fois que les larves sont évidemment trop rapprochées par suite du plus grand volume qu'elles ont acquis.

Pour déliter, on suit la marche que nous avons indiquée plus haut (1). On pose avec précaution un filet

(1) Voir page 94.

sur la partie que l'on veut nettoyer, on y met les feuilles d'un repas; lorsque les vers y sont montés, on soulève le filet pour le placer sur une autre claie; on l'enlève alors et on rejette la litière avec les vers retardataires.

Pour dédoubler, on opère de la même manière; on enlève le filet lorsque la moitié des vers que l'on a voulu dédoubler, y est montée : chaque partie de ces vers devient une escouade à part. Nous avons dit aussi plus haut que l'on coupe la feuille très-menue au premier âge, un peu moins au second et plus gros au troisième âge; on peut encore couper grossièrement au quatrième âge ou se contenter seulement de la monder; au cinquième âge on la donne sans la monder ni la couper.

Quant au nombre des repas, nous n'avons pas tracé de règle absolue. L'éducation des vers à soie exige une certaine dose d'intelligence à laquelle il faut abandonner le soin de régler ce qui a rapport à la nourriture comme aux délitements et aux dédoublements. L'expérience fera le reste.

Il suffit de poser en principe que les larves d'une même division doivent recevoir la même somme de nourriture, ni plus ni moins et aux mêmes heures, sous peine de ne point les voir marcher simultanément; qu'il faut dédoubler quand il est évident que les vers sont trop serrés et pressés; qu'enfin le délitement est d'une impérieuse nécessité lorsque la litière devient épaisse, un peu humide, d'une odeur désagréable et surtout lorsqu'elle recèle des cadavres.

Enfin, n'oublions pas de maintenir la température au degré nécessaire, d'aérer en cas de besoin, et de veiller à ce que la propreté la plus grande règne dans l'atelier.

Le cinquième âge comprend à peu près le tiers de

l'existence de la larve, il dure environ neuf à dix jours.

C'est dans cette période de son existence que le ver à soie est le plus sujet aux accidents et aux maladies. C'est donc le moment de prendre avec le plus de soin, toutes les précautions dont nous venons de parler.

A la fin du cinquième âge, le ver doit se changer en chrysalide pour devenir papillon : c'est pour assurer cette métamorphose et se défendre contre les dangers qui pourraient alors l'atteindre, qu'il a reçu de la nature la faculté de filer le cocon dont il s'enveloppe et dont l'industrie de l'homme s'est emparée.

C'est après la quatrième mue, c'est-à-dire dans le cinquième âge, que le ver à soie prend tout son développement. Il consomme alors, comme nous l'avons déjà fait remarquer, quatre fois autant de feuilles qu'il en a consommé depuis son éclosion. Le moment où les vers mangent le plus, se nomme la *fraise* ou la *freze*, ils sont alors insatiables pendant quarante-huit heures.

Lorsque les vers sont entrés dans la quatrième mue, le magnanier intelligent fait un calcul exact de la feuille qu'il a consommée et dont il a dû tenir note avec le plus grand soin, jour par jour.

En multipliant le chiffre de la consommation par quatre, il connaît à peu de chose près la quantité de feuilles dont il aura encore besoin.

Il doit donc examiner avec soin ses mûriers et s'assurer qu'il s'y trouve la quantité de feuilles dont il aura besoin pendant les neuf à dix jours du dernier âge.

Si la pousse des arbres a trompé ses espérances, s'il ne peut disposer de la quantité de feuilles que ses vers doivent encore consommer, il ne doit pas hésiter un moment à sacrifier une partie de ses vers, parce qu'il ne doit pas s'exposer à se trouver pris au dépourvu. Vers la fin du cinquième âge, il perdrait tout le fruit de son travail pour avoir voulu trop recueillir ou avoir mal calculé. Il est prudent en tout cas, de faire ses estimations de façon à avoir toujours un léger excédant de nourriture. Il faut encore que l'on ait soin d'avoir au moins pour vingt-quatre heures de feuilles cueillies d'avance; si le temps était incertain, on doublera ou triplera au besoin, la réserve.

Il faudra dédoubler plusieurs fois à cause du rapide accroissement des vers et de l'énorme quantité de nourriture qu'ils consomment, on doit aussi, pendant la durée du cinquième âge, déliter aussi souvent que possible.

Vers le moment de la montée on supprime les filets et on laisse les vers sur les papiers qui garnissent le fond des claies.

C'est aussi pendant le cinquième âge que l'on doit le moins négliger les soins de propreté, les moyens d'aération, de purification et l'égalité de la température. C'est de l'ensemble de ces précautions que dépend le succès du ver à soie parvenu à toute sa grosseur.

On a fait quelques calculs assez curieux sur l'énorme développement que prend le ver à soie pendant le dernier âge et sur la grande quantité de nourriture qu'il consomme.

Ainsi l'on a démontré qu'une larve, parvenue au cinquième âge, consomme par jour six fois son propre poids, et que, toute proportion de volume gardée, elle mange autant que trente-six chevaux.

La larve pèse à la fin de sa carrière, neuf mille fois plus qu'à sa naissance.

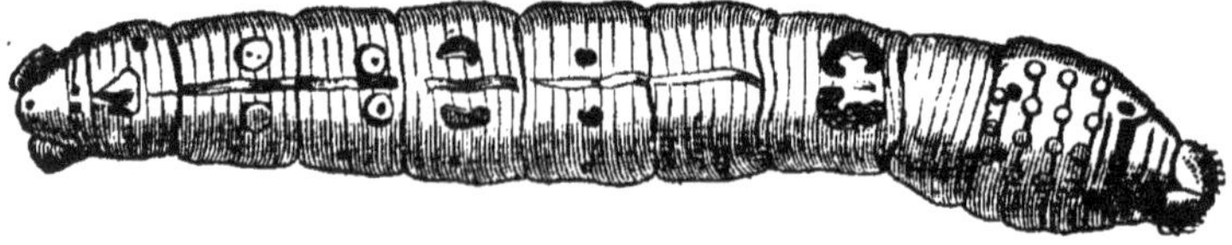

Fig. 51. Vers ayant toute sa grosseur.

§ 13. — DE LA MONTÉE. — ENCABANAGE. — SIGNES DE MATURITÉ DES VERS.

Après deux jours de l'appétit formidable dont nous venons de parler et vers le neuvième ou dixième jour du cinquième âge, les vers se montreront moins affamés; ils approcheront de leur maturité.

Cette maturité complète s'annonce par les signes suivants :

1° Les vers montent sur la feuille sans la mordre, et dressent la tête comme pour chercher autre chose;

2° En regardant horizontalement les vers, ou en les prenant sur la main et les observant à travers le jour, leur corps offre une transparence semblable à celle d'une prune jaune ou d'un raisin blanc très-mûr;

3° Un grand nombre de vers à soie, tendant la tête, se traînent au bord des claies et cherchent à y grimper;

4° Les anneaux des vers se raccourcissent, et la peau de leur cou est ridée;

5° Leur corps devient d'une mollesse semblable à de la pâte;

6° Enfin, si l'on regarde les vers avec attention, on voit que la plupart traînent après eux un long fil de soie qui sort de leur filière.

C'est le moment de procéder avec diligence à la formation des cabanes dans lesquelles les larves puissent monter, pour y travailler à leur aise et pour y faire leur cocon.

Les personnes qui sont pourvues des claies Davril dont nous avons parlé, peuvent placer en très-peu de temps les échelles destinées à la montée. Mais comme ce système forme l'exception, nous nous occuperons surtout de l'encabanage le plus usité.

Chaque pays a son mode d'encabanage, suivant les plantes rameuses que le sol produit. L'on y emploie le bouleau, le genêt, les bruyères, etc. En Belgique, l'on peut se procurer presque partout de la paille du colza qui s'y cultive généralement : c'est un excellent rameau qui coûte fort peu et qui se place aisément.

L'on a eu soin de partager la chambre en deux ou trois divisions bien distinctes selon l'âge des vers, afin de n'être pas obligé de procéder à l'encabanage de tout l'atelier à la fois.

A la première apparition des signes décrits plus haut, on place les petits faisceaux de paille de colza ou de bruyère que l'on a préparés d'avance ; on les dispose debout, sur les claies par rangées, éloignées de trente ou trente-cinq centimètres l'une de l'autre, de manière qu'ils se recourbent par l'effet de la claie supérieure, pour former une série de cabanes alignées d'un côté à l'autre dans la largeur de la claie.

Fig. 32. Cabane pour la montée des vers,

Cette courbure convient aux vers, qui s'y installent de préférence ; arrivées là, s'il s'en échappe quelques restes de déjections liquides, les larves qui grimpent en sont moins souillées.

La partie inférieure des rameaux est appuyée sur le papier qui garnit le fond des claies.

Avant de faire leurs cocons, les vers commencent par se promener dans le boisement pour chercher un endroit favorable; puis, après s'être débarrassés de toutes les matières étrangères qui peuvent se trouver dans leurs corps, ils se mettent à filer : au moment où la montée va avoir lieu, on procède à un dernier délitement à la main. Mais tous les vers ne montent pas en même temps dans les cabanes. Quels que soient les soins qu'on ait pris pour conserver l'égalité parmi eux, il existe toujours des différences : pour la plus belle montée, il faut au moins vingt-quatre heures. Or, les vers qui restent les derniers dans les cabanes, se trouvent dans une position très-défavorable, ils sont exposés à recevoir les déjections des vers qui montent avant eux : c'est pourquoi vingt-quatre heures après que les vers ont commencé à monter, on enlève avec toute la litière les vers rétifs et paresseux, on les porte dans un autre local et on les place sur des claies recouvertes de papier et garnies de cabanes.

Quand les vers mûrissent et commencent à grimper, conservez la température de l'atelier à environ dix-sept degrés : si l'air extérieur est plus froid ou s'il fait du vent, empêchez qu'il ne frappe directement les vers à soie; il convient alors que l'air intérieur soit aussi sec que possible.

Lorsque les vers ont jeté leur bave et qu'ils se sont déjà enveloppés de soie, on peut de temps à autre laisser pénétrer l'air librement.

On peut même laisser tout ouvert, quels que soient la température et le mouvement de l'air extérieur, dès que les cocons ont acquis une certaine consistance.

Toutefois, ne tombez jamais dans les extrêmes :

le froid, nous le répétons, endurcit la matière soyeuse, diminue les forces digestives et oblige l'insecte à suspendre son travail; une trop grande chaleur force l'insecte à filer sa soie prématurément et cette soie mal élaborée est, par conséquent, plus grossière.

On recommande aussi, pendant que les vers à soie sont occupés à filer, de ne pas faire de bruit dans l'atelier et d'éviter tout ébranlement qui pourrait les déranger dans leur travail.

§ 14. — DES COCONS. — DU DÉRAMAGE OU DÉCOCONAGE.

Le ver à soie à l'état normal, à dater du moment où il commence à filer, termine son cocon dans trois ou quatre jours, se transforme en chrysalide, et commence la sixième période de son existence.

Au septième ou huitième jour, on peut récolter les cocons, et procéder au déramage. Il est important, avant de déramer, de s'assurer que les vers sont bien changés en chrysalides, sinon ils pourraient se décomposer et tacher les cocons. A cet effet, il suffit d'ouvrir çà et là quelques cocons ou même de les secouer en les approchant de l'oreille; s'ils rendent un son mat, c'est l'indice que la transformation est opérée.

On commence par défaire les cabanes où les vers ont monté les premiers. Il faut avoir soin de ne pas jeter à terre les rameaux chargés de cocons : on les remet avec précaution aux personnes employées au travail, et on les place à terre sur un drap; on détache ensuite délicatement les cocons, on les met dans des paniers. On met séparément les vers lâches et mous, ainsi que les doubles et les fondus; on appelle *fondus* les vers dont toutes les parties organiques se sont décomposées; ils offrent à l'œil une pellicule noire, pleine d'un liquide également noire; l'odeur en est fétide; lorsque les ouvrières en aperçoivent, elles doivent les détacher délicatement du boisement avec les ciseaux, en faisant leur possible pour que le liquide ne se répande pas sur les bons cocons, qui se trouveraient singulièrement altérés par ces taches noires.

Lorsque les paniers qui servent au déramage contiennent environ 10 kilog. de cocons, on les pèse, on étend les cocons sur des claies, en ayant soin de les manier avec précaution, et en les mettant par couches dont l'épaisseur ne doit pas être de plus de 14 ou 15 centimètres. Cette opération étant faite, il ne reste plus qu'à envoyer les cocons au lieu de la vente pour s'en défaire, ou bien à faire périr les chrysalides si l'on n'a pas les moyens de les filer soi-même.

VENTE DES COCONS.

La filature ou le dévidage des cocons n'est pas une opération facile; de la manière dont elle est faite, dépend complétement la qualité de la soie, et par conséquent sa valeur. Il ne faut donc confier ce travail qu'à des ouvrières très-expérimentées.

Comme le cultivateur vend la laine de ses moutons au fabricant, nous conseillerons aux éducateurs qui n'ont pas de filature montée, de vendre leurs cocons. C'est le meilleur parti qu'ils peuvent en tirer (1). Ils ne courent aucune chance de perte et ils reçoivent immédiatement la valeur de leur récolte.

(1) On sait que les éducateurs en Belgique ont un débouché toujours certain, et qu'ils peuvent envoyer leurs cocons à l'établissement séricicole de Forest, où le prix leur en est payé suivant la qualité et d'après les cours moyens de France (voir chap. 3, § 4).

L'avantage qu'il y a, en général, pour le producteur de cocons, de laisser aux grandes filatures le soin du dévidage des cocons et, par conséquent, de vendre ses produits plutôt que de les filer lui-même, étant démontré, il s'agit de bien apprécier le moment d'opérer cette vente et s'il faut les vendre frais, c'est-à-dire vivants, ou bien étouffés.

L'étouffement des cocons est une des opérations les plus importantes et les plus difficiles. Si l'on n'étouffe pas assez les chrysalides, beaucoup de papillons éclosent, et l'on perd une partie de la récolte; si l'on étouffe trop, si l'on brûle la soie en se servant d'un mauvais procédé, c'est un inconvénient qui n'est pas moins grave. Aussi est-il préférable, pour le producteur qui vend ses cocons, de les vendre frais; il n'a aucune chance à courir. D'un autre côté, l'acheteur qui est le filateur, a bien plus d'avantage auss. à acheter ces mêmes cocons frais, car il les étouffe alors lui-même, et peut le faire avec tous les soins et toutes les précautions nécessaires, en employant les meilleurs appareils et les meilleurs procédés. C'est ainsi, du reste, que cela se fait généralement en France, où bien rarement les producteurs étouffent eux-mêmes leurs cocons.

Le moment de vendre les cocons frais est celui où ils ont leur plus grand poids; c'est la base sur laquelle les acheteurs, comme les vendeurs, ont l'habitude d'établir leurs calculs. Or, c'est sept ou huit jours après la montée des vers, que les cocons pèsent le plus; à cette époque, le travail du ver est terminé, et sa transformation en chrysalide est complète. Si les vers n'avaient pas fini de filer, ce serait un dommage pour l'acheteur; si la transformation des chrysalides étaient déjà trop ancienne et si ces chrysalides avaient perdu de leur poids, ce serait une perte pour le vendeur; enfin, si les papillons étaient déjà formés et avaient commencé à gratter une partie des cocons, ce serait une perte bien plus considérable encore, pour le vendeur, sur le poids, et, pour l'acheteur, lors de la filature.

Il convient donc de vendre les cocons immédiatement après le déramage; d'abord parce qu'à ce moment ils ont plus de poids et ensuite, parce qu'en tardant un peu trop, l'on s'exposerait à perdre toute la récolte par la sortie du papillon, qui a lieu de quinze à vingt jours après la montée, suivant la température dans laquelle on les place.

On fera donc bien, en tout cas, de placer les cocons dans un lieu assez froid pour en retarder la sortie.

Pour le transport des cocons, il y a quelques précautions à prendre lorsqu'on devra les faire voyager.

On les fera d'abord sécher avec soin, en les étendant par couches légères sur une toile exposée à l'air et à l'abri du soleil.

On mettra ensuite séparément tous les chiques ou tous les fondus; car, pendant la route, les fondus se mettraient en bouillie et tacheraient les bons cocons.

Pour emballer les cocons, il faut prendre des paniers en osier à claire-voie, comme les paniers à vin de Champagne; on les remplit de manière à ce qu'il ne reste pas de jeu. Il vaut mieux ne pas débourrer les cocons pour les faire voyager, surtout s'il s'agit de blancs, les cocons garnis de leur bourre étant moins susceptibles de se tacher; mais alors c'est une raison de plus de bien les faire sécher.

Si, par un motif quelconque, on était obligé de les étouffer, il faudrait le faire avec tous les soins et les précautions possibles, en n'employant que les procédés que nous indiquons plus loin. Avant l'étouffement il ne faudrait pas manquer d'envoyer à la filature où l'on aurait l'intention de vendre ses produits, un décalitre (10 litres) de cocons frais, le poids et la qualité de ce décalitre de cocons frais devant servir de base pour le poids et, par suite, pour le prix de chaque décalitre de cocons étouffés.

On calcule, en moyenne, que les cocons étouffés ou secs perdent soixante ou soixante et dix pour cent de leur poids vivant.

SIGNES AUXQUELS ON RECONNAIT LA QUALITÉ DES COCONS.

Le cocon de belle et bonne qualité est régulièrement construit dans sa forme, dépendant de la race; quelquefois déprimé ou rétréci plus ou moins au centre. Le volume ne prouve pas toujours l'abondance de soie; l'épaisseur du tissu est un signe meilleur. Les bons cocons sont bien arrondis et fermés aux deux extrémités; sans être durs, ils résistent sous le doigt; ils cèdent à la pression, et reviennent comme un corps élastique. Le grain est chose très-digne d'attention : on nomme ainsi les petites sommités, les aspérités que produit le fil dans ses circonvolutions et ses points d'attache. Cela forme une sorte de granulation qui, si elle est parfaitement égale, fine, nette et serrée, prouve un bon travail fait par une larve bien portante : La soie est forte et nerveuse; elle se filera avec facilité; au tissage elle sera d'un bon emploi. Si le grain du cocon est inégal, lâche, cotonneux, luisant, on dit que le cocon est satiné, et c'est une cause de dépréciation : la soie ne sera ni belle ni bonne. (Voyez fig. 33.)

Le cocon double a peu de valeur, il provient du travail de deux à trois larves qui se rencontrent à la montée, s'arrêtent au même point, s'enveloppent d'une même auréole de bourre, et filent en commun. Mais cela fait une œuvre contre nature; le tissu est dur et

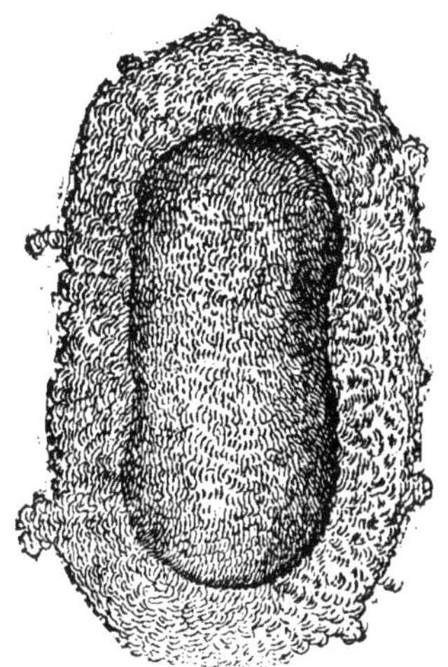

Fig. 33.

épais; les fils s'enchaînent confusément, et donnent aux fileuses beaucoup de peine pour obtenir d'assez mauvaise soie.

Les cocons pointus sont peu estimés, ils se dévident mal, précisément à cause de la forme qu'ils affectent.

Enfin, il y a les cocons fondus, les tachés et les chiques qui proviennent de vers qui n'ont pu se former en chrysalides et sont morts avant d'avoir achevé leur cocon. L'abondance des chiques annonce une mauvaise éducation et la présence de maladies.

DE L'ÉTOUFFEMENT DES COCONS.

Cette opération est très-délicate, elle demande beaucoup de soin et d'expérience.

Il y a différentes manières d'étouffer. L'étouffement

se pratique en exposant les cocons à une chaleur élevée qui cuit pour ainsi dire la chrysalide et détruit en elle tout principe de vie.

A cet effet, beaucoup de personnes se servent d'un four : on y expose pendant quinze minutes environ les cocons placés dans des corbeilles, à une chaleur à peu près égale à celle que le four conserve après la cuisson du pain.

Il faut éviter que le four soit trop chaud, car les cocons seraient roussis et la soie gâtée. Si l'on ne chauffait pas assez, les papillons sortiraient et les cocons seraient encore perdus. L'on voit que l'intelligence et l'expérience doivent ici suppléer à toute indication. On a cherché à remplacer ce procédé en exposant les cocons à un courant de vapeur d'eau dans des appareils spécialement construits à cet effet; mais ce procédé offre l'inconvénient d'obliger ensuite à faire sécher les cocons.

Pour s'assurer que les chrysalides sont bien mortes, on en prend deux ou trois au hasard et on les ouvre à l'aide d'un canif; on les pique avec le canif et si elles ne donnent plus signe de vie, on est certain que l'opération a réussi. Lorsque les cocons sont étouffés, ils perdent leur couleur brillante et deviennent d'un jaune sale. Il faut, après cette opération, les déposer par couches légères sur des claies.

§ 15. — DE LA CONFECTION DE LA GRAINE.

Une bonne graine est la base d'une bonne éducation : aussi ne doit-on, lorsqu'on veut en confectionner soi-même, reculer devant aucun soin pour l'obtenir de la meilleure qualité.

On prend de préférence les cocons les plus précoces, les plus durs, surtout aux extrémités, ceux qui offrent tous les signes que nous avons indiqués plus haut comme ceux auxquels on reconnaît les meilleurs cocons.

Il n'y a point de signes certains pour distinguer le sexe des cocons : cependant, en général, le cocon le plus petit, pointu d'un ou de deux bouts et étranglé vers le milieu, renferme un papillon mâle : le cocon plus arrondi, plus gras, et moins serré dans le milieu, contient souvent un papillon femelle.

On commence par enlever soigneusement toute la bourre qui enveloppe le cocon, afin que le papillon n'éprouve pas de gêne pour en sortir.

On place ensuite les cocons choisis sur des claies garnies de toiles dans une chambre dont la température sera maintenue de 15 à 18 degrés R.

Avec cette chaleur la transformation de la chrysalide en papillon peut se faire en douze ou treize jours : le terme serait plus long sous une température plus basse.

Lorsque l'extrémité du cocon se mouille, le papillon est déjà formé, et se prépare à rompre le cocon pour commencer la dernière période de sa vie.

On doit avoir préparé des claies garnies de papier, pour y poser les papillons à mesure qu'ils éclosent et pendant le temps de l'accouplement.

L'on dispose aussi des toiles tendues sur des chevalets ou appliquées contre un mur pour y placer les femelles pendant la ponte. (Voy. fig. 34.)

Cette position inclinée est la plus favorable pour cette opération.

L'on doit prendre de préférence des toiles de coton unies, sans apprêt et sans duvet.

Lorsque les papillons naissent, il faut séparer les

mâles des femelles afin d'éviter les accouplements instantanés.

On rejette tout papillon qui n'est pas bien con-

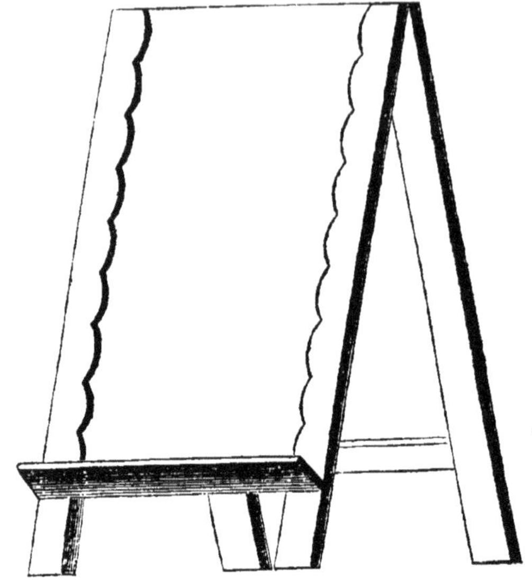

Fig. 34. Chevalet pour la ponte.

formé. Ses antennes et ses ailes doivent être bien développées, le corps garni d'un duvet fin, sa couleur franche et égale.

Les mâles doivent être vifs et ardents, leur corps effilé.

Fig. 35. Papillon mâle.

Ils sont plus petit que les femelles et on les reconnaît à la vibration presque constante de leurs ailes.

Les femelles doivent avoir le corselet large et développé.

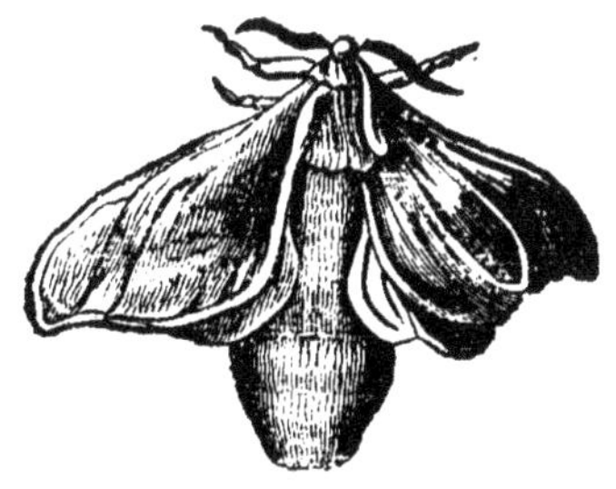

Fig. 36. Papillon femelle.

On laisse entrer la lumière librement dans la chambre aussi longtemps que les vers ne sont pas éclos : mais pendant l'éclosion, l'accouplement et la ponte, on doit l'intercepter complétement et ne conserver que le jour nécessaire pour opérer.

On cherche alors à accoupler les mâles avec les femelles, et aussitôt que cet accouplement est fait, on place les papillons sur les claies recouvertes de papier, en les disposant chaque couple à 10 centimètres au moins de distance.

Si quelques papillons se désaccouplent, on cherchera à les accoupler de nouveau. Plus on surveillera cet accouplement pour y maintenir de l'ordre et de la régularité, meilleurs seront les résultats.

On limite généralement l'accouplement de sept à huit heures.

Un mâle ne doit servir qu'une fois à l'accouplement.

Après le temps que nous venons d'indiquer ou après le désaccouplement, en séparant doucement les mâles des femelles, on pose celles-ci sur les toiles inclinées à 8 ou 10 centimètres de distance. Elles mettent quarante à cinquante heures pour pondre tous leurs œufs. Après la ponte, on enlève avec soin les femelles; l'on plie les toiles, lorsqu'elles sont séchées, et on les descend dans la cave jusqu'au printemps suivant.

§ 16. — DES MALADIES DU VER A SOIE.

Le ver à soie est un animal d'une constitution très-robuste; mais on l'élève souvent avec si peu de soin, que, malgré sa force naturelle, il succombe aux maux dont il est affecté.

On ne doit pas donner le nom de maladie à l'engourdissement que les vers éprouvent à chaque mue; cette léthargie est une crise naturelle et nécessaire, qui annonce leur bonne constitution; ceux qui ne l'éprouvent pas sont incapables de filer.

Les principales maladies du ver à soie sont :

La *vacherie* ou *grasserie*. C'est une enflure générale qui se développe pendant les mues; on nomme *gras* les vers qui en sont atteints. Ils marchent, mangent, grossissent et ne filent pas; ils sont d'ailleurs plus blancs et plus onctueux que les vers sains.

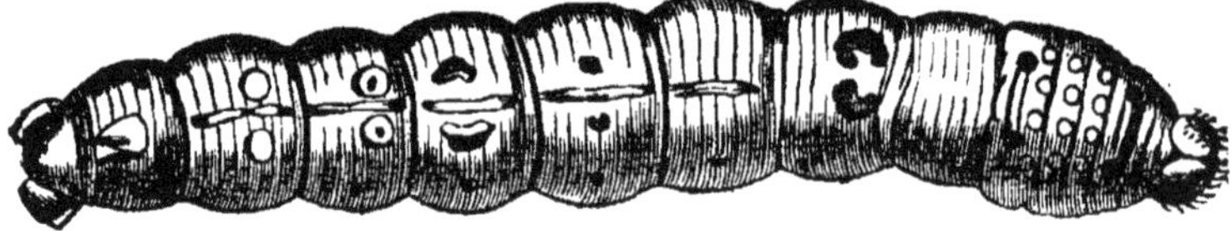

Fig. 57. Ver atteint de vacherie ou grasserie au cinquième âge.

La *consomption*. Les malades appelés *passis* ou *flétris* croissent très-lentement, cessent de manger, deviennent mous, et souvent meurent étouffés par leurs voisins. Chez les cultivateurs inhabiles, cette maladie fait beaucoup de ravages, surtout après la troisième mue.

Eig. 38. Ver passé ou flétri.

La *jaunisse*. C'est ordinairement vers la fin du cinquième âge, lorsque les vers sont près de filer, qu'elle se manifeste ; on l'attribue à l'infiltration du liquide nutritif et de la matière soyeuse ; au lieu de mûrir, les vers bouffissent et présentent sur leur corps des taches d'un jaune d'or.

Fig. 39. — Ver atteint de la jaunisse.

Les *luisants ou luzettes* se manifestent dès les premiers âges. Ce sont des vers qui ne peuvent changer de peau, ils périssent, ou bien s'allongent sans pouvoir grossir. Ils sont faciles à reconnaître ; leur peau est luisante, le museau reste constamment petit, ils errent sans cesse. Cette maladie est assez répandue dans les chambrées mal dirigées.

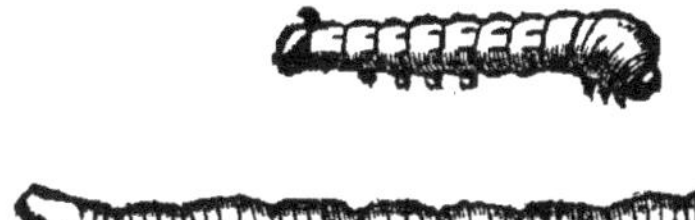

Fig. 40. Vers atteints de la clairette ou luzette.

Les *courts* ou raccourcis ne sont pas des vers malades; ce sont tout simplement des vers qui, au moment de la montée, privés d'un emplacement commode pour faire leurs cocons, ont épuisé leurs forces et finissent par rester immobiles sur les tablettes, ou bien encore des vers qui, mal constitués, ne peuvent filer. Ils ne meurent pas toujours; ils tendent à devenir chrysalides et le deviennent souvent. Un boisement mal fait, ou qui n'est pas fait assez promptement, peut produire beaucoup de courts, et les éleveurs ne sauraient trop prendre de précaution pour les éviter.

Quelques heures de retard dans le boisement peuvent être funestes; les vers, ne trouvant pas assez promptement où faire leurs cocons, se consument en efforts, et filent inutilement leur soie, dont ils couvrent toutes les parties des claies ou de la magnanerie qu'ils parcourent.

Il y a enfin la plus terrible des maladies du ver à soie, la *muscardine*, que les Italiens appellent *calcino* ou *mal del segno;* elle ne se manifeste par aucun symptôme extérieur : c'est bien certainement la maladie qui cause le plus de ravages parmi les vers; c'est aussi celle qui offre les phénomènes les plus extraordinaires et que l'on pourrait dire incroyables, si la science n'était pas là pour les attestée.

L'insecte atteint de la muscardine continue à manger et paraît jouir d'une santé parfaite jusqu'à sa mort, qui est presque toujours violente et instantanée. Son cadavre reste d'abord mou et flasque, mais au bout de quelques heures il se contracte et se durcit comme une pierre; l'aspect en devient grisâtre, ensuite violacé, enfin une efflorescence blanchâtre se montre peu à peu et finit bientôt par couvrir toute sa surface. Quand une fois la muscardine se met dans une chambrée, c'est une véritable peste qui en quelques heures fait périr tous les vers.

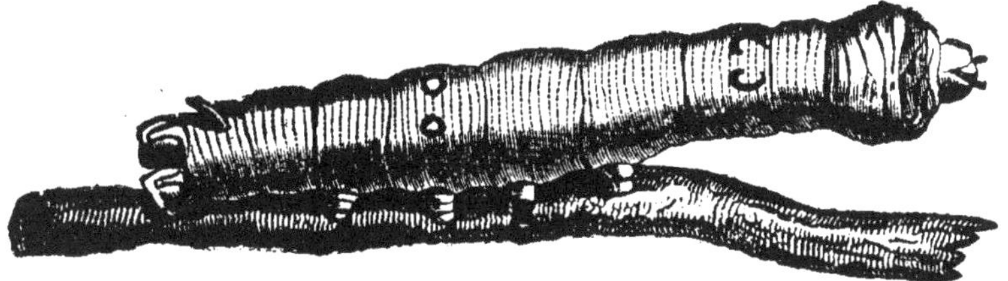

Fig. 41. — Ver atteint de la muscardine depuis quarante-huit heures.

Fig. 42. — Ver à soie mort de la muscardine depuis quatre jours.

On ne pouvait se rendre compte de cette terrible maladie, et toutes les suppositions qu'on avait faites sur ses causes et son origine étaient toujours restées dénuées de preuves, lorsque, il y a quelques années, les expériences du docteur Bassi, de Lodi, confirmées par les savantes observations du célèbre entomologiste M. Victor Audoin, sont venues jeter un grand jour sur cette matière. Le fléau est dû au développement d'une plante cryptogamique (botrytis, en terme vulgaire champignon) qui, se développant dans l'intérieur du ver, y végète et ne tarde pas à absorber tous les liquides et les tissus graisseux de l'insecte; véritable lutte du règne végétal contre le règne animal, lutte dans laquelle ce dernier succombe toujours.

Fig. 43. — Fragment de botrytis de la muscardine.

Quant à l'efflorescence blanche qui se montre sur le cadavre durci du ver à soie, ce n'est autre chose que les sporules ou fructifications de la plante. Ces sporules, qui sont, pour ainsi dire, impalpables, s'épanouissent, se disséminent dans l'air, et s'inoculent dans le corps des vers; ce sont elles qui vont porter au loin le ravage et la contagion.

La muscardine peut se montrer spontanément en tous lieux et sans qu'on puisse en préciser la cause; cependant, il paraît bien prouvé qu'il lui faut, pour se développer et surtout pour entrer en fructification, certaines circonstances de chaleur, d'humidité et de stagnation d'air réunies (1).

DES MOYENS DE PRÉSERVER LES VERS A SOIE DES MALADIES ET NOTAMMENT DE LA MUSCARDINE.

Quand la muscardine ou toute autre maladie contagieuse se déclare dans un atelier, on ne peut guère espérer de guérir les vers malades : d'abord tous les remèdes indiqués jusqu'à ce jour ne sont que des procédés empiriques qui n'ont aucune chance de succès.

Ensuite, comment mettre en traitement des vers à soie et leur faire prendre telle ou telle potion? Il n'y a qu'une chose à faire, c'est de tâcher d'arrêter le mal, en se débarrassant au plus vite des cadavres, afin d'empêcher toute contagion. Cela est surtout indispensable pour la muscardine; car, si on laisse les vers morts se couvrir de sporules, toute la chambrée pourra être infectée en quelques heures. Sous ce rapport, les filets rendent d'immenses services, en permettant de répéter fréquemment les délitements, et de laisser sur les litières les vers morts et tous ceux qui sont malades ou languissants.

Mais, ce qui vaut mieux encore que d'arrêter le

(1) De Boullenois, p. 161.

développement des maladies, c'est de les prévenir; il n'est pas de meilleur moyen, pour cela, que de mettre soigneusement en pratique les bonnes méthodes d'éducation.

Avec de la graine de bonne qualité et bien conservée, avec une ventilation énergique, une grande égalité de température, une grande égalité parmi les vers, de la bonne feuille bien choisie, bien saine, bien sèche, une distribution intelligente des repas, une propreté minutieuse, une surveillance et des soins de tous les instants, on sera assuré de n'avoir jamais de vers malades. C'est là tout le secret des éducateurs qui réussissent toujours ou presque toujours (1).

Pour la muscardine cependant les meilleures méthodes pourraient quelquefois ne pas être suffisantes. Il faudrait trouver le moyen de détruire les sporules qui peuvent être portées par le vent ou de toute autre manière, dans les ateliers les mieux soignés et y donner naissance au funeste cryptogame. Les sporules pénètrent partout; elles s'attachent aux murailles des magnaneries, aux claies, aux filets, à toutes les parties du mobilier, on les retrouve même sur les œufs des vers à soie; on a essayé, pour les détruire, de plusieurs moyens qui n'ont pas toujours réussi. Cependant les lavages avec des dissolutions de potasse, d'alun, ou de sulfate de cuivre dans une partie d'eau ou d'alcool ont donné quelquefois de bons résultats, et, jusqu'à ce que l'on ait trouvé un remède plus efficace, on fera bien de ne pas les négliger.

(1) La muscardine ne s'est jamais montrée ni à l'établissement de Meslin-l'Evêque, ni à celui de Forest. Cette circonstance tient sans doute à la bonne qualité des graines employées et aux soins donnés aux vers.

CHAPITRE III.

§ 1. — COMPTABILITÉ. — FRAIS D'ÉDUCATION. — CALCULS DE RAPPORT.

La matière première de la soie étant la feuille du mûrier, l'habileté de l'éducateur de vers à soie consiste à produire le plus de soie avec la moindre quantité de feuilles.

Celui qui produit 1 kilog. de soie avec 200 kilog. de feuille est donc deux fois plus habile que celui qui aura employé 400 kilogrammes pour obtenir le même résultat.

Il importe de ne jamais travailler sans un guide certain qui indique par des résultats mathémathiques, les erreurs dans lesquelles on a pu tomber.

Ce guide, c'est la comptabilité. Tout éducateur aura donc soin d'inscrire, chaque année, sur un registre spécialement destiné à cet usage, toutes les opérations et toutes les circonstances de l'éducation. Il y notera notamment, jour par jour :

La quantité de graine mise en incubation;

L'époque de la sortie des vers de chaque éclosion réservée pour l'éducation;

Les époques des mues et du passage des vers à chaque âge;

La chaleur de l'atelier de chaque jour;

La quantité de feuilles consommées chaque jour;

Les dépenses de l'éducation.

Lorsque le décoconage a eu lieu, on procède à la

pesée des cocons de bonne qualité; on compare le poids général avec le poids de la feuille consommée et on établit ensuite le produit par 1000 kilogrammes de feuilles.

Nous avons déjà fait remarquer que le produit des cocons ne doit pas être calculé d'après le poids de la graine, comme on le fait encore souvent; ce calcul ne signifie absolument rien : ce qui importe avant tout, c'est de tirer de sa feuille le plus grand produit possible.

D'après les expériences faites en Belgique pendant dix-huit années, il a été constaté que : 1000 kilogr. de feuilles ont produit, en moyenne, 55 kilogrammes de cocons.

11 kilogrammes de cocons ont fourni 1 kilogramme de soie grége de première qualité, dont la vente s'est faite au prix de fr. 60 à 70.

Donc, il a fallu environ 200 kilogrammes de feuilles pour la production d'un kilogramme de soie.

D'après ces données, chacun pourra apprécier s'il a bien ou mal dirigé son éducation, en comparant ce résultat moyen à celui qu'il aura obtenu.

Hâtons-nous toutefois d'ajouter que la consommation de la feuille n'est pas toujours régulière; que deux années qui se suivent, donnent rarement des résultats identiques, quand bien même aucune circonstance extraordinaire n'aurait entravé la marche régulière des opérations.

Les chiffres que nous donnons sont le résultat de calculs établis sur plusieurs années et ne doivent pas être considérés comme absolus, mais seulement comme des moyennes.

Dans les meilleurs établissements de la France, on ne calcule pas le rendement de la soie à un taux plus élevé; les variations de rapports y sont de 30 à

55 kilogrammes de cocons par 1000 kilogrammes de feuilles.

Nous croyons faire chose utile en donnant le détail des opérations et des résultats d'une éducation à l'établissement de Forest.

Nous prendrons l'année 1847.

Les claies des ateliers présentaient une surface de 850 mètres carrés.

Le 29 mai, on a mis en incubation à 16° Réaumur, 1628 grammes de graine ou 54 1/4 onces.

Le 5 juin a eu lieu la première sortie.

On a pris les vers des trois plus forts jours d'éclosion; l'on a employé cinquante-sept filets à éclosion pour la levée des vers.

Le 12 juin a commencé le 2e âge.
Le 16 id. id. le 3e »
Le 21 id. id. le 4e »
Le 22 id. id. le 5e »

Le 4 juillet les vers ont mangé en un jour 2,793 kil. de feuilles.

Le 6 juillet la monte a commencé.

Le 11 juillet les derniers vers avaient terminé leur travail.

Il a été consommé 28,788 kil. de feuilles; le produit a été de 795,872 cocons, pesant vivants 1,496 kilogrammes.

La consommation de la feuille a donc été de 19 kil. pour un kilogramme de cocons.

Le produit des cocons par mètre carré de claie a été de 1 kil. 383 cent.

D'après les calculs établis en France, 50 mètres de claies doivent rapporter dans les meilleurs ateliers de 60 à 80 kil. de cocons (1).

(1) De Boullenois, Gasparin, Louis Leclerc.

On voit que la production belge n'est pas restée au-dessous de ce rendement.

Voici maintenant ce qu'ont produit ces cocons :

Après avoir été éteints ou étouffés, on a constaté que cent cocons pesaient 164 grammes.

Le produit total de la récolte a été de 127 kilogr. 645 grammes de bonne soie, ou d'un kilogramme de soie pour 11 1/4 kil. environ de cocons.

DES DÉPENSES D'ÉDUCATION.

Les dépenses d'éducation dépendent essentiellement des conditions diverses dans lesquelles on est placé. Ainsi, nous avons conseillé de n'établir de magnaneries que dans les environs des villages populeux où la main-d'œuvre n'est pas trop élevée et où l'on peut facilement trouver les ouvriers, les femmes et les enfants dont on a besoin pour les travaux.

Les principales dépenses d'une éducation consistent dans la cueillette, le ramassage, l'émondage de la feuille et dans les soins à donner aux vers.

Le ramassage des feuilles se fait à la tâche ou à la journée; on compte ce travail sur le pied de 20 fr. les 1,000 kil., unité à laquelle nous ramenons toujours nos calculs. Mais il faut que ce soient des mûriers greffés, bien taillés, et dont la feuille soit facile à cueillir; car, si c'étaient des mûriers sauvages ou seulement des mûriers greffés mal dirigés, ce ne serait plus 16 fr. par 1,000 kil. qu'il faudrait payer, mais 25 et 30 fr.

Pour soigner les vers destinés à consommer 1,000 k. de feuille et couvrir, au cinquième âge, environ 50 mètres carrés de tables, une seule personne suffit pendant les trois premiers âges et même une partie du quatrième âge, environ pendant huit jours ; pour les dix derniers jours, il faudra deux personnes.

En comptant la journée de ces ouvrières au maximum d'un franc, nous arrivons par 1,000 kil. de feuilles à une dépense de fr. 40 en main-d'œuvre.

Il faut maintenant calculer la valeur des feuilles que l'on emploie, pour bien apprécier la valeur de l'opération que l'on a faite.

Cette valeur doit différer suivant les circonstances dans lesquelles on se trouve; nous renvoyons à cet effet au chapitre *de la Culture du mûrier* (page 44), et nous estimerons en moyenne la feuille au prix de 7 fr. les 1,000 kil., auquel on les vend communément en France.

Récapitulant donc :

les frais de la cueille des feuilles . . .	fr.	20
les frais d'éducation	»	40
le prix de la feullle	»	70
On arrive à un total de	fr.	130
Pour la production de 60 kil. environ de cocons. Ces 60 kil. auront, en les calculant à raison de fr. 4 le kilogramme, une valeur de	fr.	240
Le bénéfice net est donc de	fr.	110

Ajoutons toutefois qu'il faut déduire de ce bénéfice la perte résultant des mauvaises années et l'intérêt du capital employé à la construction des bâtiments.

En terminant ce chapitre, nous rapporterons un compte que nous avons trouvé dans les *Annales de la société séricicole de France*, des dépenses et des recettes d'un établissement fondé près de Poitiers, par M. le comte de Lastic.

La plantation, qui se compose de 1,000 mi-tiges et occupe environ 1 1/2 hectare, revient environ à 4,000 fr., en y comprenant les frais de culture, l'intérêt de l'argent et le revenu des terrains pendant tout le temps que les arbres ne lui ont rien rapporté.

La magnanerie a 23 mètres 10 centimètres de longueur sur 6 mètres 22 centimètres de largeur et 4 mètres 73 centimètres de hauteur; en cubes, 679 mètres 60 centimètres.

La construction du comble, de la couverture, des planchers, la menuiserie, la vitrerie, la cheminée d'appel ont coûté	fr.	5,000
L'ameublement, composé des poteaux, des châssis, des claies, du plancher à claire-voie, traverses, ferrures . . .	»	4,200
Calorifère et fourneau d'appel. . .	»	600
Ventilateur avec la roue, et un coupe-feuille.	»	200
Filets et dépenses diverses	»	400
	fr.	10,400
En ajoutant le prix des plantations .	»	4,000
On aura un total de.	fr.	14,400

M. de Lastic calcule que ses mille mûriers lui donnent 8,000 kil. de feuille; qu'il peut consommer ces 8,000 kil. dans les 679 mètres cubes de sa magnanerie, avec 350 mètres carrés de claies, et en retirer 600 kil. de cocons à fr. 4 le kil. La valeur de sa récolte s'élève donc à fr. 2,400 ou 17 p. c. environ du capital employé.

§ 2. — DU DÉVIDAGE OU DE LA FILATURE DES COCONS. — DU MOULINAGE.

Ainsi que nous l'avons dit plus haut, nous ne croyons pas qu'il y ait avantage pour le petit magnanier de chercher à dévider lui-même les cocons qu'il a récoltés. Nous avons démontré qu'il y a pour lui plus de bénéfice à vendre ses cocons aux grandes filatures qui sont montées de manière à travailler en grand et à pouvoir couvrir les frais d'établissement qui sont assez importants. D'un autre côté, les petites parties de soie se vendent difficilement, il faut pour retirer un prix convenable de sa soie pouvoir en offrir des balles d'une certaine importance de 40 à 50 kil. par exemple.

Les personnes qui auront l'intention d'établir une filature dans une contrée nouvellement séricicole auront donc soin de s'assurer qu'elles pourront réunir une certaine masse de cocons, sinon elles ne pourraient trouver dans cette opération des bénéfices suffisants pour compenser les frais généraux.

Les industriels qui voudront entreprendre une filature, devront s'entourer de tous les renseignements suffisants, acheter des modèles de tours, et se procurer une fileuse assez expérimentée pour pouvoir dresser d'autres ouvrières à ce travail. Ils auront à faire de ce chef des études spéciales que le cadre de ce travail ne nous permet pas de développer (1).

Nous ne parlerons donc du dévidage des cocons que pour faire comprendre la nature et l'importance de ce travail.

(1) Les personnes qui désireraient d'obtenir des renseignements détaillés sur la filature et même se procurer des modèles de tout l'outillage, peuvent s'adresser à cet effet à l'établissement séricicole de Forest.

La filature, le tirage ou le dévidage de la soie a pour but de décoller et de remettre en liberté le fil continu que le ver, en formant son cocon, a replié autour de lui par couches successives.

Quoique la soie ait naturellement la forme du fil, elle ne peut être utilisée qu'après un travail et des préparations toutes particulières qui constituent une véritable industrie.

La finesse du fil produit par le ver à soie est telle, qu'on en réunit toujours plusieurs pour former la soie grége produite par l'opération du dévidage.

L'opération du dévidage est une opération toute simple en apparence, mais en réalité difficile et délicate. Elle exige le concours d'ouvrières intelligentes et d'instruments parfaitement raisonnés, car les mêmes cocons peuvent donner des produits plus ou moins parfaits, suivant que l'opération aura été bien ou mal faite.

Le dévidage ne peut avoir lieu que par l'intervention de l'eau chaude, qui a la propriété de décoller le fil replié et de le livrer à la filature sans opposer de résistance. L'eau employée doit être pure et limpide de manière à n'avoir aucune action nuisible sur la matière soyeuse.

Les caractères qu'un fil de soie parfait doit présenter sont ceux qu'on exige des fils en général.

Il doit être homogène, avoir le même diamètre sur toute sa longueur, et présenter une égale résistance et une élasticité parfaite sur tous les points de la longueur. Sa surface doit être nette, lisse, brillante, autant que possible exempte de duvet.

L'on a depuis longtemps cherché à perfectionner les machines à filer. Celles dont on se sert encore le plus communément sont les anciens tours employés en Piémont.

Ces machines se composent :

1° D'une bassine à eau chaude pour contenir les cocons à dévider.

2° D'une filière pour livrer passage à un certain nombre de brins de cocons réunis qui forment le fil grège.

3° D'un appareil croiseur pour mener le fil de manière à l'arrondir, à en comprimer l'humidité et à faire bien adhérer les brins entre eux.

4° D'un guide doué d'un mouvement alternatif de va-et-vient. Il a pour but de faire croiser le fil sur le dévidoir, afin qu'il ne se colle pas en revenant sur lui-même, et de faciliter le dévidage ultérieur.

5° Enfin, l'asple ou dévidoir doué d'un mouvement de rotation continu, et disposé pour recevoir la soie qui lui est amenée par le va-et-vient.

L'ensemble de cette machine se nomme un tour.

L'eau qui se trouve dans les bassines doit être chauffée constamment d'une manière égale à 55 ou 60 degrés environ. Dans certaines grandes filatures l'eau est chauffée à la vapeur, dans d'autres elle l'est par des foyers particuliers placés à chaque bassine.

L'établissement d'un générateur pour distribuer la vapeur destinée à chauffer toutes les bassines d'un atelier est un perfectionnement que l'on n'a pu réaliser que dans les filatures très-importantes.

Voilà la marche succincte de l'opération du dévidage.

Pour commencer la tirage et arriver à saisir le fil continu que l'on nomme bout, il faut enlever la bourre ou frison qui garnit la surface des cocons.

Cette opération s'appelle *la purge*. Pour faire la purge, l'ouvrière plonge à l'avance une certaine quantité de cocons dans une bassine d'eau chaude bouillante, elle les agite avec un balai de bouleau, de bruyère ou de chiendent.

Les cocons suffisamment agités, l'ouvrière retire le balai, puis joint les brins que le balai a démêlés et les dispose sur les bords de la bassine.

Après la purge, la bourre est mise de côté pour être travaillée d'une manière spéciale, et l'on commence immédiatement le tirage des cocons dans l'eau des bassines, chauffée autant que possible, soit à feu nu, soit à la vapeur. Le battage, la purge et le tirage des cocons ayant lieu dans la même eau, elle se salit bientôt et a besoin d'être renouvelée pour qu'elle ne tache pas la soie; il faut moyennement renouveler l'eau quatre fois par jour.

L'ouvrière, assise devant les bassines, recueille tous les brins des cocons; elle en prend le nombre nécessaire pour former deux fils. Ce nombre varie depuis trois jusqu'à vingt, suivant la grosseur ou le titre qu'on doit donner à la soie grége.

On ne dépasse guère le dernier nombre, qui est même rarement atteint.

La fileuse forme avec la quantité de brins nécessaire deux fils qu'elle fait passer dans les filières du tour, puis elle croise les brins l'un sur l'autre; elle les dirige dans les guides du va-et-vient et les porte enfin sur l'asple. Si la jonction des fils se fait irrégulièrement, il en résulte une inégalité qu'on nomme *bouchon*.

Si l'un des fils vient à casser, il se colle à l'autre, forme une solution de continuité qu'on nomme *mariage*; il faut alors arrêter l'opération, enlever le mariage, rattacher les fils, les croiser et les mettre en un mot dans la position qu'ils occupaient avant la rupture.

Le passage des fils à travers les filières et la croisure sont indispensables pour établir leur adhérence parfaite, pour les arrondir, et leur donner une surface aussi unie, aussi lisse, et une grosseur aussi égale que possible. Une forme ou disposition incommode des filières rendrait la réunion des brins difficile, et pourrait occasionner des inégalités ou bouchons dans le fil. La matière gommeuse et collante de la soie ayant été ramollie par l'eau chaude, les fils gréges se colleraient sur l'asple, si le va-et-vient ne leur laissait le temps de se refroidir et de se sécher, et si on ne les croisait, comme nous l'avons dit. Une torsion insuffisante n'arrondirait pas le fil et ne le sécherait pas suffisamment. Une trop grande torsion diminuerait sa force et son éclat.

Le mouvement de va-et-vient doit être combiné à celui de l'asple, de telle manière que le fil y arrive à peu près sec, et que l'entrelacement des différentes couches de l'écheveau se prête facilement au dévidage ultérieur sans occasionner de déchets.

Les moyens que nous venons d'indiquer, employés pour obtenir l'égale grosseur des fils sur toute leur longueur, ne suffiraient pas, si on se bornait à procéder successivement et séparément au dévidage de chaque quantité de cocons; car les brins des cocons allant en augmentant de finesse, à partir de la surface au centre, dans un rapport moyen d'un à quatre, il est évident que, à la fin du dévidage, on obtiendrait le fil sensiblement plus fin qu'au commencement, ce qui serait un défaut. Pour éviter cet inconvénient, l'ouvrière ajoute successivement un nouveau cocon pendant le travail, de manière à échelonner l'époque de l'épuisement de chaque cocon, et à renouveler graduellement ainsi la quantité de cocons nécessaires à un seul fil, ce qui maintient la régularité degrosseur du fil.

Quelque soin qu'on ait apporté à la construction des différentes parties de la machine, il faut, en outre, que le tour soit dirigé par une ouvrière habile et intelligente pour obtenir un travail satisfaisant. C'est presque un axiome de l'industrie séricicole, que la fileuse est tout et l'instrument peu de chose; une ouvrière habile fera mieux avec un tour imparfait qu'une fileuse médiocre avec un tour excellent.

Quelquefois une seule ouvrière tourne la manivelle et surveille le travail, mais généralement l'impulsion est donnée au tour par une femme ou un enfant. L'attention de la fileuse est complétement concentrée sur les cocons de la bassine.

Les défauts les plus ordinaires qui se présentent dans une soie grége imparfaite sont les inégalités de grosseurs ou bouchons produits par l'adjonction mal faite d'un brin, les mariages ou enchevêtrements des fils des deux écheveaux séparés, les taches, les inégalités de couleur, les inégalités d'adhérence et de solidité provenant d'une croisure mal faite, et qu'on nomme *mort volant*, les bouts rompus ou solutions de continuité dans les fils.

Les collures ou adhérences des fils qui partent sur certaines parties de l'asple, et que l'on considère généralement comme nécessaires pour conserver la forme de l'écheveau et faciliter son dévidage, seraient également des défauts si elles étaient trop fortes et dépassaient le degré strictement utile (1).

§ 3. — MOULINAGE DE LA SOIE.

Dans l'état actuel de l'industrie séricicole, la soie grége formée par la réunion des brins élémentaires chargés de gomme et qui ne sont, pour ainsi dire,

(1) Laboulaye, p. 3309.

que collés ensemble, ne peut servir à aucun usage sans avoir été doublée et surtout tordue.

Les doublages et les torsions ont pour but d'augmenter la résistance des fils et d'empêcher les brins constituants de se décoller, de se diviser lors de la cuite, du dégommage ou du décreusage, ce qui en rendrait le dévidage ultérieur impossible.

Les différentes opérations du dévidage, du doublage et de la torsion qu'on fait subir à la soie grége pour la transformer en fils propres à être décreusés et employés au tissage, sont comprises dans la spécialité qui a été désignée sous le nom de moulinage.

Le moulinage, qui constitue une des préparations fondamentales de la soie, comprend quatre opérations qui sont :

1° Le dévidage des écheveaux de la soie grége sur des bobines;

2° La torsion imprimée séparément à chaque fil des bobines;

3° Le doublage de deux des fils précédents réunis ensemble par une nouvelle torsion, et leur dévidage sur des bobines;

4° La réunion par la torsion, de deux ou d'un plus grand nombre de fils obtenus par l'opération précédente, leur dévidage sur des guindres pour les transformer de nouveau en écheveaux.

Par la seconde opération que nous venons de mentionner, et qu'on nomme quelquefois *premier tors* ou *premier apprêt*, on obtient un fil qui est désigné sous le nom de *poil*.

Le fil résultant de la troisième porte le nom de *trame*.

La quatrième, qu'on désigne quelquefois par *deuxième tors* ou *deuxième apprêt*, et qui produit les fils les plus doublés et des plus tordus, a pour objet la formation des chaînes, les tissus, qui ont reçu le nom d'*organsins* (1).

Il n'y a pas encore en Belgique de fabriques ou l'on s'occupe du moulinage d'une manière régulière, et de façon à répondre à tous les besoins du commerce. Notre pays paye cependant, chaque année, un tribut très-important de ce chef à l'étranger. La main-d'œuvre qu'exige le travail est considérable et pourrait procurer des ressources certaines à un grand nombre d'ouvriers.

L'industrie du moulinage est le complément indispensable de la culture du mûrier et de l'éducation du ver à soie. Il faut espérer que la Belgique qui ne le cède à aucun autre pour une foule d'industries, sera bientôt dotée d'un établissement en rapport avec l'importance de la consommation dans nos fabriques d'étoffes et de tissus de soie de toute espèce.

§ 4. — ENCOURAGEMENTS. — ACTES OFFICIELS.

Nous croyons être utile aux personnes qui s'occupent ou ont l'intention de s'occuper de la culture du mûrier et de l'éducation des vers à soie, en rappelant, les dispositions prises par le gouvernement pour encourager cette nouvelle industrie en Belgique, et en indiquant la marche à suivre pour y prendre part.

Le premier acte est un arrêté royal daté du 30 janvier 1832, dont les dispositions encore en vigueur portent :

1° « Jusqu'à autre disposition, il sera distribué an- « nuellement par les soins du Ministre de l'Intérieur,

(1) Laboulaye, p. 3326.

« et sous les conditions qu'il déterminera, plusieurs « milliers de mûriers blancs ou roses, pour être « plantés dans le royaume.

2° « A partir de 1832 inclusivement jusqu'à dis- « position contraire, une prime d'un florin (fr. 2-11) « sera payée, par les soins du Ministre de l'Intérieur « pour chaque kilogramme de cocons produits dans le « pays. »

Un arrêté ministériel règle la marche à suivre pour constater les droits des producteurs de cocons à cette prime.

Voici le texte de cet arrêté :

Le Ministre de l'Intérieur,

Vu l'art 1er de l'arrêté royal du 30 janvier 1832, portant qu'une prime de fr. 2 11 cent. (fl. 1) sera payée par les soins du Ministre de l'Intérieur, pour chaque kilogramme de cocons de vers à soie produit annuellement en Belgique ;

Considérant qu'il importe de prendre de nouvelles mesures pour régler la manière dont la récolte des cocons sera constatée, et la marche à suivre pour obtenir le payement de la prime instituée en faveur des éducateurs de vers à soie;

ARRÊTE :

Art. 1er. Les éducateurs de vers à soie qui voudront jouir du bénéfice de la prime instituée par l'arrêté royal précité, sont tenus de faire connaître dans une déclaration écrite adressée avant le commencement des travaux, à l'administration communale de la localité où l'éducation a lieu :

1° Le poids en grammes de la graine de vers à soie qu'ils se proposent de faire éclore pendant l'année ;

2° La superficie en mètres carrés des claies destinées par eux à cette éducation ;

3° L'époque du commencement des travaux de l'éducation qu'ils vont entreprendre.

Art. 2. Lorsque l'éducation sera terminée et au moment du déramage, l'éducateur en préviendra le bourgmestre de la commune. En présence de celui-ci ou de son délégué, il sera procédé à la vérification du poids total de la récolte des cocons verts ou vivants.

Art. 3. Il sera dressé de cette opération un procès-verbal, en double expédition, qui sera adressé, par les soins de l'administration communale, au Ministre de l'Intérieur, accompagné :

1° D'une déclaration signée par l'éducateur et dressée en triple expédition, dont l'une sur papier timbré, par laquelle il déclare qu'il lui revient une somme . . . . . . , à titre de prime pour la production de . . . . kilogrammes de cocons de vers à soie pendant l'année. . . .

2° De la déclaration mentionnée à l'art. 1er ci-dessus. Cette pièce sera approuvée par l'administration communale en ce qui concerne la superficie des claies dont elle fera la vérification.

Art. 4. MM. les Gouverneurs des provinces sont chargés de l'exécution du présent arrêté, qui sera inséré au *Mémorial administratif.*

Bruxelles, le 7 mai 1849.

Ch. Rogier.

Pour obtenir les mûriers que l'on désire planter, il suffit d'en faire la demande au Ministre de l'Intérieur, avant le 1er janvier de chaque année.

En outre, le département de l'intérieur distribue annuellement, à toutes les personnes qui en font la demande avant le 1er janvier, de la graine de ver à soie de première qualité.

Là ne se bornent pas encore les facilités dont jouissent les éducateurs.

On voit qu'en vertu d'une loi, en date du 16 mars 1841, le gouvernement a été autorisé à louer, pour un terme de trente années, à M. de Mevius l'établissement séricicole de Forest (1).

Dans l'acte passé avec M. de Mevius, pour la location de l'établissement, le gouvernement a fait insérer

(1) On sait que M. de Mevius a été enlevé prématurément l'année dernière à la science et à ses amis. Toutefois le contrat dont il est question continue à recevoir son exécution au nom de ses héritiers.

diverses clauses favorables aux autres éducateurs et qui complètent l'ensemble des mesures prises pour propager la nouvelle industrie.

Voici la relation de ces clauses :

A. « Toute personne munie d'une autorisation de « M. le Ministre de l'Intérieur, des gouverneurs, « ou des commissions d'agriculture, est admise à vi- « siter gratuitement l'établissement et à y prendre « connaissance des procédés en usage. »

B. « Tous les producteurs du pays peuvent trouver « dans l'établissement un débouché pour leurs co- « cons, qui y sont achetés, selon leur qualité, aux « prix courants de France (1). »

(1) Il faut expédier directement les cocons aussitôt après le déramage, à l'établissement de Forest, soit par le chemin de fer, soit par diligence, jusqu'à Bruxelles, en indiquant sur l'adresse que les colis doivent être déposés au bureau de l'omnibus d'Uccle, rue de la Putterie.

FIN.

TABLE DES MATIÈRES.

TROISIÈME PARTIE.

DE LA PRODUCTION DE LA SOIE.

Pages.

FIN DE LA TABLE.

Adresser les demandes sans affranchir, à l'Éditeur de la BIBLIOTHÈQUE RURALE, sous le couvert de M. le MINISTRE DE L'INTÉRIEUR À BRUXELLES.

BIBLIOTHÈQUE RURALE,

INSTITUÉE PAR ARRÊTÉ ROYAL DU 15 SEPTEMBRE 1848.

Ouvrages publiés en français et en flamand.

ANNUAIRE AGRICOLE. Un vol. avec tableau statistique.	Prix : 1 fr. 25 cent.
MANUEL DE CULTURE. Un vol. avec planches grav.	80 »
EMPLOI DE LA CHAUX EN AGRICULTURE. Un vol.	20 »
MANUEL DE COMPTABILITÉ AGRICOLE. Un vol.	40 »
MANUEL D'ARBORICULTURE. 2 vol. avec 205 pl. grav.	1 fr. 55 »
MANUEL DE DRAINAGE. Un vol. avec 88 pl. grav.	1 fr. 10 »
MANUEL DE CHIMIE AGRICOLE. Un vol. avec pl. grav.	1 fr. 25 »
MANUEL D'IRRIGATION. Un vol. avec 100 pl. grav.	60 »
CHOIX DES VACHES LAITIÈRES. Un vol. avec pl.	40 »
MANUEL DU MARÉCHAL FERRANT. Un vol. avec pl. grav.	30 »
MANUEL D'HYGIÈNE. Un vol. avec pl. grav.	75 »
MANUEL FORESTIER. Un vol. avec pl. grav.	30 »
TRAITÉ DES ENGRAIS ET AMENDEMENTS. Un vol. avec pl. grav.	55 »
TRAITÉ DES INSTRUMENTS D'AGRICULTURE. Un vol. avec pl. gr.	90 »
DE LA CULTURE DES PLANTES OLÉAGINEUSES. Un vol. avec pl.	35 »
MANUEL DE MÉDECINE VÉTÉRINAIRE. Un vol. avec pl. (1re partie.)	55 »
L'AGRICULTURE A L'EXPOSITION DE LONDRES. Un vol. avec pl.	55 »
LES VIGNES ET LES VINS. Un vol.	30 »
MANUEL DE CULTURE MARAICHÈRE. 2 vol. avec pl. grav.	1 fr. 90 »
DU MURIER ET DES VERS A SOIE. Un vol. avec pl. grav.	1 fr.

En vente chez le même éditeur :

COURS D'ÉCONOMIE RURALE. 2 vol. gr. in-18, avec planches. 4 fr.

BIBLIOTHÈQUE INDUSTRIELLE,

INSTITUÉE PAR ARRÊTÉ ROYAL DU 28 OCTOBRE 1848.

Ouvrages publiés en français et en flamand.

ALMANACH INDUSTRIEL. Un vol. avec pl. grav.	Prix : 30 cent.
GÉOMÉTRIE PRATIQUE. Un vol. avec pl. grav.	50 »
PRINCIPES DE PHYSIQUE Un vol. avec pl. grav.	70 »
TRAITÉ DE CONSTRUCTION. Un vol. avec pl. grav.	25 »
MANUEL DU TISSERAND. Un vol. avec pl. grav.	25 »
DE LA CONNAISSANCE DES MÉTAUX. Un vol. avec pl. grav.	30 »
MANUEL DE CHIMIE APPLIQUÉE. Un vol. avec pl. grav.	45
DE LA CHARPENTE Un vol. avec pl. grav.	45
DE LA CONNAISSANCE DES BOIS. Un vol. avec pl. grav.	40
MANUEL DU SERRURIER. Un vol. avec pl. grav.	40
TRAITÉ D'ARITHMÉTIQUE, par *Guillery* Un vol.	

Chaque volume joliment relié coûte 50 centimes de plus.

BIBLIOTHEQUE NATIONALE DE FRANCE
3 7531 05083998 5

www.ingramcontent.com/pod-product-compliance
Ingram Content Group UK Ltd.
Pitfield, Milton Keynes, MK11 3LW, UK
UKHW020302180726
13839UKWH00001B/354